BIM 技术系列岗位人才培养项目辅导教材

BIM 设计施工
综合技能与实务

（第二版）

人力资源和社会保障部职业技能鉴定中心
工业和信息化部电子通信行业职业技能鉴定指导中心
国家职业资格培训鉴定实验基地　　组织编写
北京绿色建筑产业联盟BIM技术研究与应用委员会

BIM 技术人才培养项目辅导教材编委员　编

陆泽荣　　杨永生　　主编

中国建筑工业出版社

图书在版编目(CIP)数据

BIM 设计施工综合技能与实务/BIM 技术人才培养项目辅导教材编委会编.—2 版.—北京：中国建筑工业出版社，2018.3
BIM 技术系列岗位人才培养项目辅导教材
ISBN 978-7-112-21957-5

Ⅰ.①B… Ⅱ.①B… Ⅲ.①建筑设计-计算机辅助设计-应用软件-技术培训-教材 Ⅳ.①TU201.4

中国版本图书馆 CIP 数据核字(2018)第 048213 号

本书是 BIM 落地实务操作培训和示例导航实战教程，既有概念的讲解，也有软件实际操作的介绍，让读者通过本书，对于 BIM 的实施，从设计到施工，到企业信息化，有一个全景式的了解。

全书分为三篇，共 11 章。第一篇主要介绍关于 BIM 的基础理论。包括后面篇幅涉及的软件的下载与安装方法，BIM 的发展历程和价值，以及企业实施 BIM 的顶层设计和实施步骤。

第二篇为设计、施工实务与软件操作，是对上一篇中企业 BIM 的顶层设计的细化和落地应用，主要介绍 BIM 软件的选择和操作问题。包括企业进行 BIM 设计需要进行的准备工作，在设计阶段如何利用 BIM 技术进行全专业的三维设计、标注出图、机电深化等工作，之后，利用设计过程中产生的 BIM 数据进行基于模型的性能分析。最后，对 BIM 模型在施工阶段的应用做了介绍。

第三篇为企业信息化实务，内容包括 BIM 与企业信息化集成、项目管理，其中有投标管理，合同管理、技术管理、供应商与招标采购管理等，可以让读者对于施工企业信息化整体架构以及项目管理体系都有相应的熟悉和掌握。

本书适用于所有 BIM 领域从业人员，所有有意向学习 BIM 技术的人员，也可作为高校 BIM 课程的主教材。

* * *

责任编辑：封　毅　毕凤鸣
责任校对：党　蕾

BIM 技术系列岗位人才培养项目辅导教材
BIM 设计施工综合技能与实务（第二版）
人 力 资 源 和 社 会 保 障 部 职 业 技 能 鉴 定 中 心
工业和信息化部电子通信行业职业技能鉴定指导中心
国 家 职 业 资 格 培 训 鉴 定 实 验 基 地 ｝组织编写
北京绿色建筑产业联盟BIM技术研究与应用委员会
BIM 技 术 人 才 培 养 项 目 辅 导 教 材 编 委 员　编
陆泽荣　杨永生　主编
*
中国建筑工业出版社出版、发行(北京海淀三里河路 9 号)
各地新华书店、建筑书店经销
北京红光制版公司制版
大厂回族自治县正兴印务有限公司印刷
*
开本：787×1092 毫米　1/16　印张：11½　字数：285 千字
2018 年 4 月第二版　　2018 年 7 月第六次印刷
定价：**48.00 元**
ISBN 978-7-112-21957-5
(31855)

本书编委会

主　　编：陆泽荣　杨永生

副主编：贾斯民

编写人员：孔　凯　邢　彤　侯静霞　张永锋

　　　　　冯延力　付超杰　刘桐良　唐　莉

丛 书 总 序

中共中央办公厅、国务院办公厅印发《关于促进建筑业持续健康发展的意见》（国发办〔2017〕19号）、住建部印发《2016—2020年建筑业信息化发展纲要》（建质函〔2016〕183号）、《关于推进建筑信息模型应用的指导意见》（建质函〔2015〕159号），国务院印发《国家中长期人才发展规划纲要（2010—2020年）》《国家中长期教育改革和发展规划纲要（2010—2020年）》，教育部等六部委联合印发的《关于进一步加强职业教育工作的若干意见》等文件，以及全国各地方政府相继出台多项政策措施，为我国建筑信息化BIM技术广泛应用和人才培养创造了良好的发展环境。

当前，我国的建筑业面临着转型升级，BIM技术将会在这场变革中起到关键作用；也必定成为建筑领域实现技术创新、转型升级的突破口。围绕住房和城乡建设部印发的《推进建筑信息模型应用指导意见》，在建设工程项目规划设计、施工项目管理、绿色建筑等方面，更是把推动建筑信息化建设作为行业发展总目标之一。国内各省市行业行政主管部门已相继出台关于推进BIM技术推广应用的指导意见，标志着我国工程项目建设、绿色节能环保、装配式建筑、3D打印、建筑工业化生产等要全面进入信息化时代。

如何高效利用网络化、信息化为建筑业服务，是我们面临的重要问题；尽管BIM技术进入我国已经有很长时间，所创造的经济效益和社会效益只是星星之火。不少具有前瞻性与战略眼光的企业领导者，开始思考如何应用BIM技术来提升项目管理水平与企业核心竞争力，却面临诸如专业技术人才、数据共享、协同管理、战略分析决策等难以解决的问题。

在"政府有要求，市场有需求"的背景下，如何顺应BIM技术在我国运用的发展趋势，是建筑人应该积极参与和认真思考的问题。推进建筑信息模型（BIM）等信息技术在工程设计、施工和运行维护全过程的应用，提高综合效益，是当前建筑人的首要工作任务之一，也是促进绿色建筑发展、提高建筑产业信息化水平、推进智慧城市建设和实现建筑业转型升级的基础性技术。普及和掌握BIM技术（建筑信息化技术）在建筑工程技术领域应用的专业技术与技能，实现建筑技术利用信息技术转型升级，同样是现代建筑人职业生涯可持续发展的重要节点。

为此，北京绿色建筑产业联盟应工业和信息化部教育与考试中心（电子通信行业职业技能鉴定指导中心）的要求，特邀请国际国内BIM技术研究、教学、开发、应用等方面的专家，组成BIM技术应用型人才培养丛书编写委员会；针对BIM技术应用领域，组织编写了这套BIM工程师专业技能培训与考试指导用书，为我国建筑业培养和输送优秀的建筑信息化BIM技术实用性人才，为各高等院校、企事业单位、职业教育、行业从业人员等机构和个人，提供BIM专业技能培训与考试的技术支持。这套丛书阐述了BIM技术在建筑全生命周期中相关工作的操作标准、流程、技巧、方法；介绍了相关BIM建模软件工具的使用功能和工程项目各阶段、各环节、各系统建模的关键技术。说明了BIM技术在项目管理各阶段协同应用关键要素、数据分析、战略决策依据和解决方案。提出了推动 BIM 在设计、施工等阶段应用的关键技术的发展和整体应用策略。

我们将努力使本套丛书成为现代建筑人在日常工作中较为系统、深入、贴近实践的工具型丛书，促进建筑业的施工技术和管理人员、BIM 技术中心的实操建模人员，战略规划和项目管理人员，以及参加 BIM 工程师专业技能考评认证的备考人员等理论知识升级和专业技能提升。本丛书还可以作为高等院校的建筑工程、土木工程、工程管理、建筑信息化等专业教学课程用书。

本套丛书包括四本基础分册，分别为《BIM 技术概论》、《BIM 应用与项目管理》、《BIM 建模应用技术》、《BIM 应用案例分析》，为学员培训和考试指导用书。另外，应广大设计院、施工企业的要求，我们还出版了《BIM 设计施工综合技能与实务》、《BIM 快速标准化建模》等应用型图书，并且方便学员掌握知识点的《BIM 技术知识点练习题及详解（基础知识篇）》《BIM 技术知识点练习题及详解（操作实务篇）》。2018 年我们还将陆续推出面向 BIM 造价工程师、BIM 装饰工程师、BIM 电力工程师、BIM 机电工程师、BIM 路桥工程师、BIM 成本管控、装配式 BIM 技术人员等专业方向的培训与考试指导用书，覆盖专业基础和操作实务全知识领域，进一步完善 BIM 专业类岗位能力培训与考试指导用书体系。

为了适应 BIM 技术应用新知识快速更新迭代的要求，充分发挥建筑业新技术的经济价值和社会价值，本套丛书原则上每两年修订一次；根据《教学大纲》和《考评体系》的知识结构，在丛书各章节中的关键知识点、难点、考点后面植入了讲解视频和实例视频等增值服务内容，让读者更加直观易懂，以扫二维码的方式进入观看，从而满足广大读者的学习需求。

感谢本丛书参加编写的各位编委们在极其繁忙的日常工作中抽出时间撰写书稿。感谢清华大学、北京建筑大学、北京工业大学、华北电力大学、云南农业大学、四川建筑职业技术学院、黄河科技学院、中国建筑科学研究院、中国建筑设计研究院、中国智慧科学技术研究院、中国铁建电气化局集团、中国建筑西北设计研究院、北京城建集团、北京建工集团、上海建工集团、北京百高教育集团、北京中智时代信息技术公司、天津市建筑设计院、上海 BIM 工程中心、鸿业科技公司、广联达软件、橄榄山软件、麦格天宝集团、海航地产集团有限公司、T-Solutions、上海开艺设计集团、江苏国泰新点软件、文凯职业教育学校等单位，对本套丛书编写的大力支持和帮助，感谢中国建筑工业出版社为这套丛书的出版所做出的大量的工作。

北京绿色建筑产业联盟执行主席　陆泽荣

2018 年 4 月

本 书 前 言

《BIM 设计施工综合技能与实务》（第二版）是"BIM 技术系列岗位人才培养项目辅导教材"的操作和训练扩展专册，按照《全国 BIM 专业技能测评考试大纲》要求编写而成。本册定位于 BIM 落地实务操作培训和示例导航实战教程，既有概念的讲解，也有软件实际操作的介绍，让读者通过本书，对于 BIM 的实施，从设计到施工，到企业信息化，有一个全景式的了解。

本书共分为三篇。第一篇，基础理论，主要介绍软件的安装和 BIM 基础理论。本篇包括三章，第一章介绍了 BIMSpace 软件的获取与安装方法，第二章回顾了 BIM 的基本概念，第三章介绍了 BIM 项目实施的方法。

第二篇，设计、施工实务与软件操作，主要介绍 BIM 软件的选择和操作问题。本书选择鸿业公司基于 BIM 的 EPC 整体解决方案：在设计阶段采用鸿业 BIMSpace，施工阶段采用 iTWO 软件，来介绍 BIM 软件应用操作。本篇也是本书的核心篇章，共包含六章，章节排布按照实际项目的操作流程展开，依次介绍了 BIM 设计的准备工作、各专业 BIM 设计建模、各专业标注出图、BIM 机电深化、基于 BIM 模型的性能分析、施工阶段的 BIM 应用。本册中的介绍的软件，因为是基于 Revit 二次开发的软件，可以帮助软件使用者提高建模效率、优化工作流程，但是也需要学员具备相应的 Revit 软件基础操作知识。这部分基础知识在本丛书的《BIM 建模技术应用》中有相应的讲解。

第三篇，企业信息化实务，主要介绍企业信息化概述、合同管理、技术管理、供应商与招标采购管理等，可以让读者对于企业信息化整体架构以及系统组成都有相应的了解。本篇，是全书的升华篇，在前面的章节中，本书重点介绍信息模型的建立与修改，但是对于企业和项目管理来讲，除了信息模型，还有其他的许多信息需要管理，比如合同信息、技术信息、人力资源信息等等，只有将企业和项目管理涉及的信息整合到一起，才能真正实现项目的增值。

本书既可以做为 BIM 工程师技能培训的考试教材，也可为 BIM 从业者的 BIM 技术落地应用提供参考。

在本书编写过程中，鸿业科技王晓军、任斌年、张卫东给予了多方面的指导和支持，在此表示衷心的感谢。由于编者水平有限，书中难免有疏漏之处，恳请广大读者批评指正并提出宝贵意见。

目　　录

第一篇
基础理论

本篇共包括三章，第一章介绍基于 Revit 二次开发的软件鸿业 BIMSpace 的下载与安装方法。第二章主要回顾了 BIM 的基础概念以及发展历程和带来的价值。第三章从企业的角度，简单介绍 BIM 实施的方法与步骤。

第 1 章　软件获取与安装方法

本章导读

　　本书在设计阶段用到的软件是鸿业公司基于 Revit 平台开发的 BIMSpace 设计软件。通过本章，了解该软件的获取与安装方法。

本章学习目标

　　(1) BIMSpace 软件的获取方法。

　　(2) BIMSpace 软件的安装方法。

　　本书在设计阶段用到的软件是鸿业公司基于 Revit 平台开发的 BIMSpace 设计软件。鸿业的 BIM 技术开发始于 2009 年，在国内首家推出 BIM 设计软件，BIMSpace 软件是鸿业科技专注于设计阶段效率与质量的 BIM 平台一站式解决方案。

　　BIMSpace 共分为两个部分。一部分是族库管理、资源管理、文件管理，它更多的是考虑到在项目的创建、分类，包括对项目文件的备份、归档；而另一部分包括乐建、给水排水、暖通、电气、机电深化、装饰软件，这一系列软件的开发无一不体现设计工作过程中质量、效率、协同、增值的理念。

1.1 软件安装包获取方法

BIMSpace 软件在鸿业官方网站上可以下载试用。购买本书的读者，要跟随书上内容，学习软件操作，可以登录鸿业官网 http：//bim. hongye. com. cn/，到下载试用栏里找到 BIMSpace 软件最新版本的下载地址。

BIMSpace 试用版本软件，分为建筑、机电、装饰、机电深化四个安装包，读者可以根据自己的专业，选择对应的安装包下载即可。

1.2 软件安装方法

BIMSpace 试用版软件的安装，只需要双击安装程序，选择解压目录和安装目录，软件即可完成安装。

在安装完成后，会在桌面生成鸿业软件的桌面图标。用户双击桌面图标，即可进入鸿业软件的启动界面。下面以建筑软件为例来介绍，其他软件操作方法类似。图 1.2-1 为鸿业软件的启动界面。

图 1.2-1　鸿业软件启动界面

在启动界面的右下角，可以选择启动的 Revit 版本。截止到本书编写日期，鸿业 BIMSpace 软件的最新版本为 BIMSpace2018，支持的 Revit 版本为 2014～2018 版本。

打开软件后的界面，如图 1.2-2 所示。

图 1.2-2　打开软件后的界面

第 2 章　BIM 概念

本章导读

　　现阶段，BIM 技术已经渗入建设行业的方方面面，任何一个技术都可以和 BIM 挂钩；这一方面体现了 BIM 可以解决很多问题，另一方面，也让 BIM 概念无限外延，让人说不清 BIM 的含义。本章主要介绍 BIM 基本概念以及 BIM 概念的发展历程，旨在让同学们了解 BIM 最基本的概念。

本章学习目标

　　(1) BIM 的基本概念。

　　(2) BIM 的价值。

2.1　BIM 释义

BIM，是 Building Information Modeling 的缩写，目前一般把它翻译为建筑信息模型，是一种出现于 20 世纪 70 年代，发展于 90 年代，在 21 世纪初开始广泛应用于美国建筑业的信息技术。2006 年以来，BIM 技术在中国得到了迅速的发展，一些标志性的项目纷纷采用了 BIM 技术。2011 年，国家建筑业"十三五规划"中明确把 BIM 技术作为推动中国建筑业转型升级的关键技术之一。2016～2020 年的建筑业信息化规划纲要，把 BIM 作为一种新技术应用推广，作了明确的规定。

BIM 的概念分解为两个方面，BIM 既是模型结果（Product），更是过程（Proces）。

（1）BIM 作为模型结果（Product）

BIM 作为模型结果，与传统的 3D 建筑模型有着本质的区别，其兼具了物理特性与功能特性。其中，物理特性（Physical Characteristic）可以理解为几何特性（Geometric Characteristic）；而功能特性（Functional Characteristic），是指此模型具备了所有一切与该建设项目有关的信息。

（2）BIM 作为过程（Proces）

BIM 是一种过程，其功能在于通过开发、使用和传递建设项目的数字化信息模型，以提高项目或组合设施的设计、施工和运营管理。

BIM 技术涉及工程建设与工程建设的方方面面，不同的人对 BIM 是什么有着不同的解读，但这些解读都只说明了 BIM 的某一个方面。

软件厂商把 BIM 解读为三维的、基于对象的、参数化的软件。业主把 BIM 当成控制造价、工期与质量的一种信息化工具。其他如设计、施工等单位也各自对 BIM 有自己的解读。因此得出 BIM 的定义，"BIM 是建设项目兼具物理特性与功能特性的数字化模型，且是从建设项目的最初概念设计开始的整个生命周期里作出任何决策的可靠共享信息资源"。

而实现 BIM 的前提是，在建设项目生命周期的各个阶段，不同的项目参与方通过在 BIM 建模过程中插入、提取、更新及修改信息，以支持和反映出各参与方的职责。因此 BIM 又是基于公共标准化协同作业的共享数字化模型。

目前最权威的定义来自美国建筑协会，他们把 BIM 定义为利用数字模型对项目进行设计、施工和运营的过程。在这个理念下，美国 BIM 标准把 BIM 分解为四个层次：（1）一个设施的数字化表达；（2）一个共享的知识库；（3）一种工作过程；（4）一种协作的工作模式 。

2.2　BIM 产生的背景

2007 年，美国权威机构（麦克劳希尔公司）进行过一次调研，建筑业的数据不能互用，为建筑业带来了巨大的损失，BIM 技术为提高建筑业数据的互用性提供了一种可能性。

传统的依靠设计方法由不同的人分专业设计，过于依靠人的能力，缺少统一协作的工具，导致很多设计错误出现。我们目前的主要瓶颈是图纸，图纸中是一堆抽象的、不完整的、电脑不能自动解释的信息，对这些信息的处理完全依靠人的大脑去想象解释与处理。随着项目越来越大、越来越复杂，信息处理的难度慢慢超出了人的脑力极限，自然错误也就越来越多。BIM 技术为我们提供了一种具象的、电脑可自动处理的设计信息，这为建筑业信息化的飞跃提供了一个重要支撑技术。传统建筑模式中，图纸与信息是分离的，同样一张图，不同的人录入各种不同的信息，从而造成大量的重复劳动，带来巨大的损失，而 BIM 技术试图建立一个统一的、集成的建筑信息平台，参建各方根据自己的需要随时加入和抽取自己所需要的信息，这就大大提高了信息使用的效率与准确性。

BIM 模型是建筑设计从 CAD 取代绘图板之后的又一次革命。在绘图板时代，我们用丁字尺与绘图板来制图，效率相当低下，CAD 时代大大提高了人们的绘图效率。很难想象如果没有计算机辅助绘图，我国能否在过去的十年能以这么快的速度建设这么多的工程。BIM 时代不仅要为建筑业带来量的升级，还承载着建筑产品质量大提高的历史使命。

为什么选择 BIM？为了提高建筑产品质量，降低建筑成本，BIM 是我们被迫的选择，也是不二的选择，那么 BIM 到底多大的价值，让我们对它有这么高的期望呢？

BIM 的价值，真正的 BIM 技术至少要符合以下四个特点：

（1）每个项目都应该有一个既包含模型又拥有数据的模型。

（2）不同参与方可以用不同的软件在这个模型里创建和修改与自己有关的数据。

（3）数据可以在不同的软件中流转。

（4）不同软件的数据输入输出不需人工介入。

同一个项目的 BIM 模型在工程建设的不同阶段有不同的应用，解决不同的问题。

BIM 在设计阶段解决了图纸与信息的分离问题，让设计成果成为计算机可理解的文件，从而能让计算机进行设计检查、风模拟、光模拟等建筑物性能分析。

2.3 BIM 的发展历程

BIM 的发展将经历 4 个阶段，第一阶段是少数技术发烧友的热衷，第二阶段是企业决策层从企业发展角度逐步认同，第三阶段行业逐步认同并开始建立相关标准，第四阶段开始进入工程项目的业务流程。

现阶段 BIM 作为一种全新的工程实施方法的基础正在被其受益者——业主和工程建设项目的多方所认同。

BIM 的信息载体是多维参数模型（nD Parametric models）。用简单的等式来体现 BIM 参数模型的维度如下：

$2D = Length \& Width$

$3D = 2D + Height$

$4D = 3D + Time$

$5D = 4D + Cost$

$6D = 5D + \cdots$

$nD = BIM$

BIM 的发展历程，也是 BIM 参数模型的维度不断增加的过程。

传统的 2D 模型是用点、线、多边形、圆等平面元素模拟几何构件，只有长和宽的二维尺度，故等于 Length&Width，目前国内各类设计图和施工图的主流形式仍旧是 2D 模型；传统的 3D 模型是在 2D 模型的基础上加了一个维度 Height，有利于建设项目的可视化功用，但并不具备信息整合与协调的功能。

随着软件的发展，尽管各种几何实体可以被整合在一起代表所需的设计构件，但是最终的整体几何模型依旧难以编辑和修改，且各系统单独的施工图很难与整体模型真正地联系起来，同步化就更难能实现。

BIM 参数模型的优势就是在于其突破了传统 2D 及 3D 模型难以修改和同步的瓶颈，以实时、动态的多维模型（nD）大大方便了工程人员。首先，BIM 的 3D 模型为交流和修改提供了便利。以建筑师为例，其可以运用 3D 平台直接设计，无需将 3D 模型翻译成 2D 平面图以与业主进行沟通交流，业主也无需费时费力去理解繁琐的 2D 图纸。其次，BIM 参数模型的参数信息内容不仅仅局限于建筑构件的物理属性，而是包含了从建筑概念设计开始到运营维护的整个项目生命周期内的所有该建筑构件的实时、动态信息。再次，BIM 参数模型将各个系统紧密地联系到了一起，整体模型真正起到了协调综合的作用，且其同步化的功能更是锦上添花。BIM 整体参数模型综合了包括建筑、结构、机械、暖通、电气等各 BIM 系统模型，其中各系统间的矛盾冲突可以在实际施工开始前的设计阶段得以解决，同时，与上述 4D、5D 模型所涉及的进度及造价控制信息相关联，整体协调管理项目实施。

另外，对于 BIM 模型的设计变更，BIM 的参数规则（Parametric rules）会在全局自动更新信息。故对于设计变更的反应，相比基于图纸费时且易出错的繁琐处理，BIM 系统表现得更加智能化与灵敏化。

最后，BIM 参数模型的多维特性（nD）将项目的经济性、舒适性及可持续性发展提高到一个新的层次。例如，运用 4D 技术可以研究项目的可施工性、项目进度安排、项目进度优化、精益化施工等方面，给项目带来经济性与时效性；5D 造价控制手段使预算在整个项目生命周期内实现实时性与可操控性；6D 及 nD 应用将更大化地满足项目对于业主、对于社会的需求，如舒适度模拟及分析、耗能模拟、绿色建筑模拟及可持续化分析等方面。

2.4　BIM 的实现手段

BIM 技术的实现手段是软件，与 CAD 技术只需一个或几个软件不同的是，BIM 需要一系列软件来支撑（图 2.4-1）。

图 2.4-1 是对于 BIM 软件各个类型的罗列图，除 BIM 核心建模软件之外，BIM 的实现需要大量其他软件的协调与帮助。

一般可以将 BIM 软件分成以下两大类型：

（1）BIM 核心建模软件，包括建筑与结构设计软件（如 AutodeskRevit 系列、Graphisoft ArchiCAD）、机电与其他各系统的设计软件（如 AutodeskRevit 系列、DesignMaster）等。

（2）基于 BIM 模型的建模和分析软件，包括建筑设计分析软件鸿业 BIMspace、施工管理软件 iTWO 等。

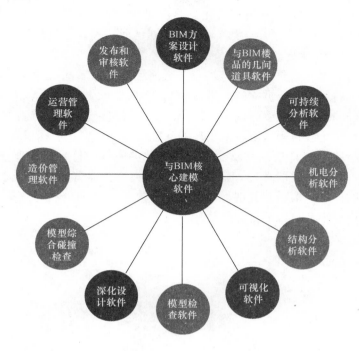

图 2.4-1　BIM 支撑软件

2.5　BIM 的价值

投资是国家的经济发展动力的三驾马车之一，尤其是发展中国家，是最为重要的经济发展动力来源。作为实现固定资产投资的最主要承建行业，建筑业也是各国的支柱产业之一。在我国，建筑业的产值规模已达 14 万亿元，但产值利润率一直在 3% 左右徘徊，即使同为第二产业，仍不及工业的一半水平。此外，建筑业当中的返工、浪费、碳排放等问题依然很严峻，亟须新的技术手段、管理手段来提升。图 2.5-1 显示了美国建筑业与制造业的无效工作对比。

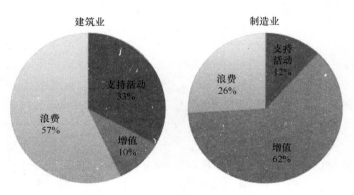

图 2.5-1　美国建筑业与制造业对比

　　如果建筑业通过技术升级和流程优化能够达到目前制造业的水平，按照中国 2011 年 11.77 万亿元的建筑业规模，每年可以节约 36000 亿元人民。通过以 BIM 技术为核心的信息化技术，到 2020 年为建筑业每年节约 2000 亿美元。

　　而造成这极大浪费的重要原因是建筑业普遍缺乏全生命周期的理念。建筑物从规划、设计、施工、竣工后运营乃至拆除的全生命周期过程中，建筑物的运营周期一般都达数十年之久，运营阶段的投入是全生命周期中最大的。尽管建筑竣工后的运营管理不在传统的建筑业范围之内，但是建筑运营阶段所发现的问题大部分可以从前期规划、设计和施工阶段找到原因。由于建筑的复杂性以及专业的分工化的发展，传统建筑业生产方式下，规划、设计、施工、运营各阶段存在一定的割裂性，整个行业普遍缺乏全生命周期性的理念，存在着大量的返工、浪费与其他无效工作，造成了巨大的成本与效率损失。图 2.5-2 反映了设施生命周期中各阶段的信息与效率。

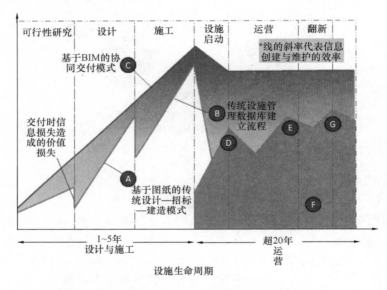

A 传统单阶段、基于图纸的交付；　　E FM 与后台办公系统的整合；
B 传统设施管理数据库系统；　　　　F 利用既存图纸进行翻新；
C 基于 BIM 的一体化交付与运营；　　G 更新设施管理数据库
D 设施管理数据库的建立；

图 2.5-2　设施生命周期信息和效率

　　通过 BIM 的定义，可以发现两个最重要的关键字：全生命周期、共享协同。通过同一个建筑信息模型中实时、准确的信息共享，实现不同阶段、不同参与方、不同应用软件间的协同，对比传统工作方式下，可以有效提升工作效率、节约项目成本，提升最终建筑产品的质量。

　　传统的设计—招标—建造模式下，基于图纸的交付模式使得跨阶段时信息损失带来大量价值的损失，导致出错、遗漏，需要花费额外的精力来创建、补充精确的信息。而基于 BIM 模型的协同交付模型下，利用三维可视化、数据信息丰富的模型，业主可以获得更大投入产出比。

　　BIM 通过在项目全生命周期的应用，可以为项目带来巨大价值。

根据考证，虽然没有采用明确的量化公式，但通过感知采用 BIM 技术后，时间、成本、精力的投入产出比相比，有 62％的受访者认为投入产出比大于 0，而且 5％的受访者认为投入产出比超过 100％。而且使用 BIM 时间越久、越熟练的受访者认为 BIM 的价值越大。图 2.5-3 反映了不同参与者对 BIM 的价值的认可程度。

	提升工地安全	有利于可持续发展	对招人与管人的正面影响	加速计划审批与许可	有利于预制加工	降低项目造价	降低项目活动与交付日期	更佳的多人沟通效果	提升项目流程结果	提升个人工作效率
建筑师	13%	47%	46%	35%	19%	62%	68%	74%	74%	79%
机电工程师	13%	20%	28%	28%	22%	41%	50%	65%	59%	59%
承包商	57%	36%	37%	48%	81%	78%	79%	71%	81%	85%
业主	33%	67%	17%	50%	50%	83%	50%	100%	100%	50%
平均	33%	37%	37%	40%	48%	65%	68%	71%	74%	77%

■ 超出75%　■ 51%~75%　■ 26%~50%　□ 小于25%

图 2.5-3　BIM 认可度

从量化的角度来看，美国斯坦福大学整合设施工程中心（CIFE）根据 32 个采用 BIM 的项目总结了使用建筑信息模型的以下优势：

（1）消除 40％预算外更改。

（2）造价估算控制在 3％精确度范围内。

（3）造价估算耗费的时间缩短 80％。

（4）通过发现和解决冲突，将合同价格降低 10％。

（5）项目时限缩短 7％，及早实现投资回报。

美国军部在 2006 年表示，通过 BIM 在以下的范畴里能节省成本：

（1）更好地协调设计：节省 5％成本。

（2）改善用户对项目的了解：节省 1％成本。

（3）更好地管理冲突：节省 2％成本。

（4）自动连接物业管理数据库：节省 20％成本。

（5）改善物业管理效率：节省 12％成本。

第 3 章　BIM 实施方法

本章导读

在了解了 BIM 基本概念以及应用价值之后，本章开始讨论 BIM 实施方法。现阶段，国家倡导设计施工总承包模式，本章就以设计施工总承包的角度，来探讨如何利用 BIM 技术进行企业顶层设计，以及从项目管理的角度来探讨 BIM 项目的实施步骤。

本章学习目标

（1）设计施工总承包管理模式。

（2）BIM 实施步骤。

3.1 总承包企业 BIM 顶层设计

设计—采购—施工总承包（Engineering Procurement Construction，即 EPC）是指总承包商按照合同约定，完成工程设计、设备材料采购、施工、试运行等服务工作，实现设计、采购、施工各阶段工作合理交叉与紧密配合，并对工程的安全、质量、进度、造价全面负责。EPC 总承包模式是当前国际工程中被普遍采用的承包模式，也是我国政府和现行《建筑法》积极倡导、推广的一种承包模式，具有以下三个方面基本优势：

（1）强调和充分发挥设计在整个工程建设过程中的主导作用。对设计在整个工程建设过程中的主导作用的强调和发挥，有利于工程项目建设整体方案的不断优化。

（2）有效克服设计、采购、施工相互制约和相互脱节的矛盾，有利于设计、采购、施工各阶段工作的合理衔接，有效地实现建设项目的进度、成本和质量控制符合建设工程承包合同约定，确保获得较好的投资效益。

（3）建设工程质量责任主体明确，有利于追究工程质量责任和确定工程质量责任的承担人。

在传统工作模式下，在项目不同阶段及各个子系统之间，如设计、算量、计价、招标投标、客户数据等系统无法实现信息互通，形成了一个个信息孤岛。同时，各子系统与也不能很好地与原来的财务系统相结合，无法给企业现金流的分析带来帮助，不能更好地配合企业长远发展，如图 3.1-1 所示。

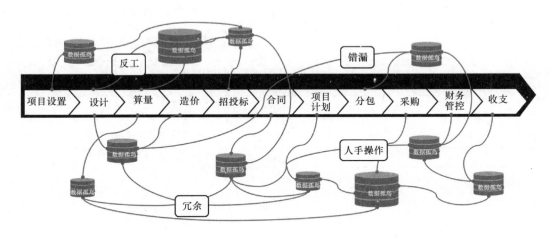

图 3.1-1　信息孤岛

BIM 技术允许用户创建建筑信息模型，可以导致协调更好的信息和可计算信息的产生。在设计阶段早期，该信息可用于形成更好的决策，这时这些决策既不费代价又具有很强的影响力。此外，严格的建筑信息模型可以减少异议和错误发生的可能性，这样可减少对设计意图的误解。建筑信息模型的可计算性形成了分析的基础，来帮助进行决策。

在项目生命周期的其他阶段使用 BIM 技术管理和共享信息同样可以减少信息的流失

并且改善参与方之间的沟通。BIM 技术不仅关注单个的任务，而且把整个过程集成在一起。在整个项目生命周期里，它协助把许多参与方的工作最优化。

由此可以看出，BIM 技术的应用将会在项目的集成化设计、高效率施工配合、信息化管理和可持续建设等方面有重要的意义和价值。

顶层设计，是利用系统思想，优化公司业务战略和运营模式。

系统思想是一般系统论的认识基础，是对系统的本质属性（包括整体性、关联性、层次性、统一性）的根本认识。系统思想的核心问题是如何根据系统的本质属性使系统最优化。"系统科学中，有一条很重要的原理，就是系统结构和系统环境以及它们之间关联关系，决定了系统整体性和功能。也就是说，系统整体性与功能是内部系统结构与外部系统环境综合集成的结果，也就是复杂性研究中所说的涌现（E－mergence）"。涌现过程是新的功能和结构产生的过程，是新质产生的过程，而这一过程是活的主体相互作用的产物。

应用 BIM 技术进行顶层设计，可以从起点避免信息孤岛，为跨阶段、跨业务的数据共享和协同提供蓝图，为合理安排业务流程提供科学依据。

（1）总承包业务板块

基于对本企业总承包业务战略和运营模式的理解，对公司 6 个核心流程模块和 6 个支持流程模块进行了重新梳理和设计，如图 3.1-2 所示。

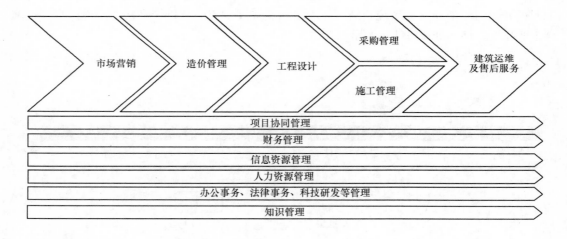

图 3.1-2 总承包业务模块

（2）总承包业务流程框架

BIM 信息的特性是一个完善的信息模型，能够连接建筑项目生命期不同阶段的数据、过程和资源，是对工程对象的完整描述，可被建设项目各参与方普遍使用。BIM 模型具有单一工程数据源，可解决分布式、异构工程数据之间的一致性和全局共享问题，支持建设项目生命期中动态的工程信息创建、管理和共享。利用 BIM 信息的优势，将 PMBOK 的九大知识体系作为流程切入点，融入总包项目管理经验，优化总包项目管理的过程和要素，根据设计结果，总承包业务总体流程框架如图 3.1-3 所示。

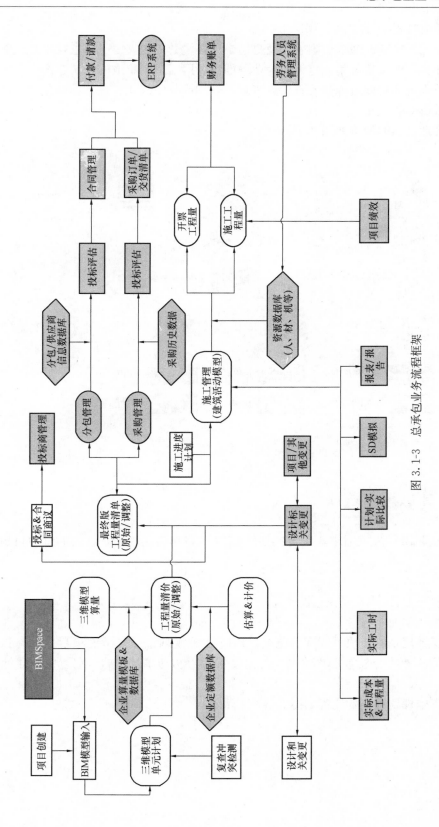

图 3.1-3 总承包业务流程框架

（3）集成管理平台

系统集成是指不同系统协同工作及提供融洽环境的能力。由于信息技术是企业的一个重要组成部分，所以系统集成也将成为业务的主要因素，不集成的系统会产生业务流程的障碍。系统集成的首要目标是改善信息管理，做到服务集成化、技术标准化、资源利用最大化、团队协作规范化。

集成管理平台的架构如图 3.1-4 所示。

图 3.1-4　集成管理平台

3.2　项目选择

根据企业 BIM 发展需求，确定典型的 BIM 项目作为实施样板，为后续项目提供标准模板。

3.3　确定 BIM 实施规划

BIM 实施规划属于项目范围的范畴。BIM 实施规划，需要考虑项目自身特点以及甲方要求，同时要结合企业自身 BIM 实施发展路径及实施标准，制定切实可行的实施规划。

BIM 实施规划制定的流程如图 3.3-1 所示。

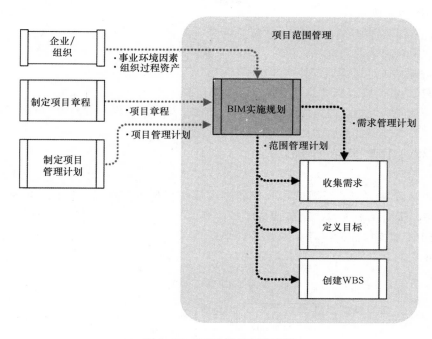

图 3.3-1　BIM 规划制定流程

3.4　搜集需求

收集需求是为实现项目目标而确定、记录并管理参与方的需要和需求的过程。主要作用是，为定义和管理项目目标奠定基础。

需求搜集可以通过访谈、焦点小组、引导式研讨会、群体创新技术、群体决策技术、观察、原型法、标杆对照等方法搜集项目需求。

需求文件描述各种单一需求将如何满足与项目相关的业务需求。一开始，可能只有高层级的需求，然后随着有关需求信息的增加而逐步细化。只有明确的（可测量和可测试的）、可跟踪的、完整的、相互协调的，且主要参与方愿意认可的需求，才能作为基准。

需求文件的格式多种多样，既可以是一份按参与方和优先级分类列出全部需求的简单文件，也可以是一份包括内容提要、细节描述和附件等的详细文件。

需求文件的主要内容如下（但不限于）：

（1）业务需求

① 可跟踪的业务目标和项目目标；

② 执行组织的业务规则；

③ 组织的指导原则。

（2）参与方需求

① 对组织其他领域的影响；

② 对执行组织内部或外部团体的影响；

③ 参与方对沟通和报告的需求。

（3）解决方案需求

① 功能和非功能需求；

② 技术和标准合规性需求；

③ 支持和培训的需求；

④ 质量需求；

⑤ 报告需求（可用文本记录或用模型展示解决方案需求，也可两者同时使用）。

3.5　确定 BIM 实施目标

确定 BIM 实施目标，是明确所收集的需求哪些将包含在项目范围内，哪些将排除在项目范围外，从而明确项目、服务或成果的边界。

确定 BIM 实施目标的流程如图 3.5-1 所示。

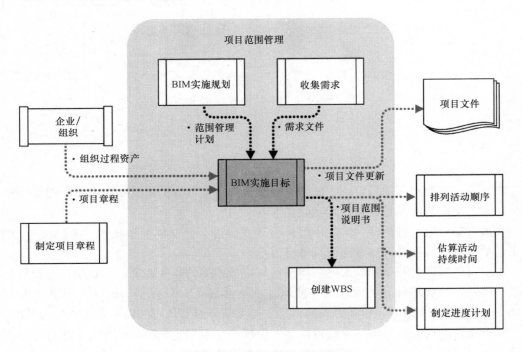

图 3.5-1　确定实施目标流程

3.6　创建 WBS

工作结构分解的本质，是对于目标的细化，以便于项目的管理。对于 BIM 实施计划中，计划编制的详细层级，项目管理手册中有关于工作结构分解的详细层级的依据。

BIM 项目实施目标的细化层级，可以参考以下标准：

（1）每一个细化的工作包，都有相对应的交付实体或者检查行为。

（2）每一个细化的工作包，都有相对应的责任人，如果有多个责任人，则需要进一步细化该工作包。

有了相应的细化目标，根据细化目标，确定项目组的组织架构、权责关系、进度计划以及协作机制。

创建 WBS 的流程如图 3.6-1 所示。

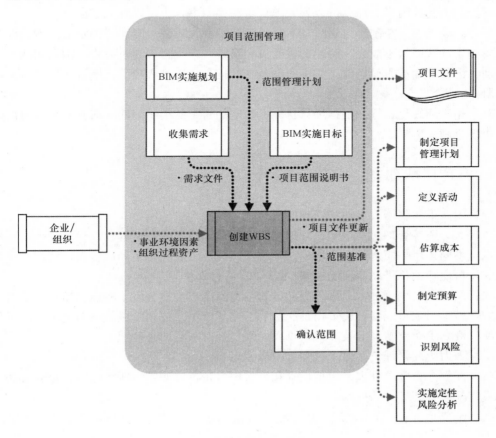

图 3.6-1 创建 WBS 流程

3.7 编写 BIM 项目实施计划

实施计划中需要重申该项目实施的背景以及参照的标准。同时，BIM 实施计划，也是对于 BIM 实施目标的细化和明确。

BIM 实施计划应包括以下几个部分：

（1）项目目标。逐步细化在项目章程和需求文件中所述的产品、服务或成果的特征。

（2）验收标准。可交付成果通过验收前必须满足的一系列条件。

（3）可交付成果。在某一过程、阶段或项目完成时，必须产出的任何独特并可核实的产品、成果或服务能力。可交付成果也包括各种辅助成果，如项目管理报告和文件。

（4）项目的除外责任。通常需要识别出什么是被排除在项目之外的。明确说明哪些内容不属于项目范围，有助于管理参与方的期望。

（5）制约因素。对项目或过程的执行有影响的限制性因素，需要列举并描述与项目范围有关且会影响项目执行的各种内外部制约或限制条件，例如，客户或执行组织事先确定的预算、强制性标准等。

（6）制定日期或进度里程碑。如果项目是根据协议实施的，那么合同条款通常也是制约因素。关于制约因素的信息可以列入项目范围说明书，也可以独立成册。

（7）假设条件。在制订计划时，不需验证即可视为正确、真实或确定的因素。同时还应描述如果这些因素不成立，可能造成的潜在影响。在项目规划过程中，项目团队应该经常识别、记录并确认假设条件。关于假设条件的信息可以列入项目范围说明书，也可以独立成册。

有了相应的细化目标，根据细化目标，确定项目组的组织架构、权责关系、进度计划以及协作机制。

3.8　项目团队组建

项目团队组建属于人力资源管理的范畴。

项目人力资源管理包括组织、管理与领导项目团队的各个过程。项目团队由为完成项目而承担不同角色与职责的人员组成。项目团队成员可能具备不同的技能，可能是全职或兼职的，可能随项目进展而增加或减少。

项目团队成员也可称为项目人员。尽管项目团队成员被分派了特定的角色和职责，但让他们全员参与项目规划和决策仍是有益的。团队成员在规划阶段就参与进来，既可使他们对项目规划工作贡献专业技能，又可以增强他们对项目的责任感。

项目人力资源管理包括以下过程：

（1）规划人力资源管理。包括识别和记录项目角色、职责、所需技能、报告关系，并编制人员配备管理计划的过程。

（2）组建项目团队。确认人力资源的可用情况，并为开展项目活动而组建团队的过程。

（3）建设项目团队。提高工作能力，促进团队成员互动，改善团队整体氛围，以提高项目绩效的过程。

（4）管理项目团队。跟踪团队成员工作表现，提供反馈，解决问题并管理团队变更，以优化项目绩效的过程。

项目组的成员一般包括 BIM 经理、BIM 实施成员、项目负责人、专业支持人员。

同时考虑到各地 BIM 中心或者信息中心对于设计师没有直接领导的权利，项目组里需要一位公司高级管理人员，对于人员调配做统筹。

3.9　项目标准制定

以公司 BIM 实施标准为蓝本，制定本项目的实施标准。

项目标准制定需要结合具体项目以及实施目标，制定合适的标准。项目标准切记不能另起炉灶，需要与公司标准保持连贯，为公司标准提供实际案例的验证。同时，项目标准不能贪多求全，以够用为主。

项目标准一般由 BIM 经理主导来制定，同时征求专业支持人员的意见，以保持专业的正确性。

3.10 项目实施

（1）确定项目实施场所

项目实施场所可以采取集中办公的方式，这样便于项目组成员的沟通，以及项目整体进度的把控，但是需要单独的办公区域。

也可以采取分散办公，项目实施成员还是在原工位办公，此时，需要制定定期沟通交流的机制，保证项目整体受控。

（2）确定项目协作方式

Revit 平台本身提供了工作集和链接文件两种协作方式。根据项目特点以及电脑配置，确定具体的协作方式。

现阶段，BIM 项目实施，采取链接文件为主，工作集为辅的协作方式比较普遍。即专业间采用链接文件，专业内采用工作集的协作方式。

（3）模型拆分

模型拆分是将虚拟模型按照一定的方式进行划分并分别存档，用于方便使用者对模型的操作和管理。模型拆分具体可分为两类：按专业分类拆分和按楼层拆分。

① 按专业分类拆分是指将模型按照专业分类划分成不同子文件夹。如外立面幕墙、采光顶、导向标识将作为子专业分离出来，相关模型保存在对应文件夹中。

② 按楼层拆分是指在基于专业划分的基础上，要求将模型每层单独拆分为一个文件。

（4）确定统一的定位轴网以及样板文件

针对模型建模过程，对项目基点、定位、方位、模型单位、坐标系统及高程系统进行说明及明确要求。项目中所有模型应使用统一的单位与度量制。具体实施方法：建立项目统一轴网、标高的基础文件，各工作模型参照此文件进行定位。

根据项目实施标准，各专业制定各自的样板文件。

（5）项目成员培训

针对项目实施规范、流程、协作方法、软件实现，进行必要的培训。培训时间，根据项目组成员的能力而定。

（6）样板先行

各专业实施成员，首先绘制本专业内比较典型的单个系统，作为样板模型。样板模型建立好之后，由项目组成员邀请该项目其他相关人员，共同对样板模型进行验收，验收合格后，各专业根据样板模型建立剩余的模型。

在样板模型阶段，继续细化项目实施文档。

（7）项目正式开展

在这个阶段，项目组成员根据各自的工作包和工作节点，完成相应的实施内容，包括模型建立和模型检查。

3.11　质量管理

项目质量管理包括执行组织确定质量政策、目标与职责的各种过程和活动，从而使项目满足其预定的需求。项目质量管理在项目环境内使用政策和程序，实施组织的质量管理体系；并以执行组织的名义，适当支持持续的过程改进活动。项目质量管理确保项目需求，包括产品需求，得到满足和确认。

项目质量管理包括以下几个过程：

（1）规划质量管理。识别项目及其可交付成果的质量要求或标准，并书面描述项目将如何证明符合质量要求的过程。

（2）实施质量保证。审计质量要求和质量控制测量结果，确保采用合理的质量标准和操作性定义的过程。

（3）控制质量。监督并记录质量活动执行结果，以便评估绩效，并推荐必要的变更过程。

质量管理的流程如图 3.11-1 所示。

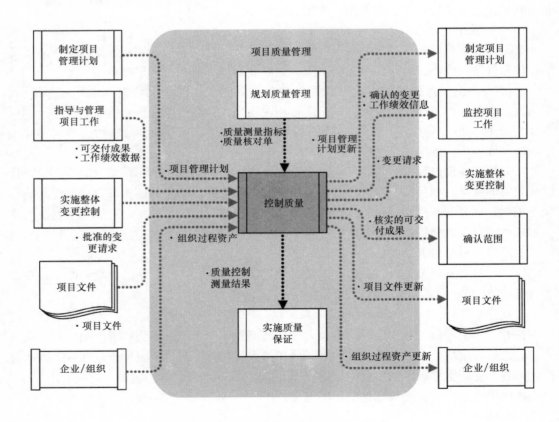

图 3.11-1　质量管理流程

3.12　协作和沟通

制定协作和沟通规划，以便于项目成员可以高效交流、共享和检索项目信息。

项目沟通管理包括为确保项目信息及时且恰当地规划、收集、生成、发布、存储、检索、管理、控制、监督和最终处置所需的各个过程。项目经理的绝大多数时间都用于与团队成员和其他参与方的沟通，无论这些成员或参与方是来自组织内部（位于组织的各个层级上）还是组织外部。有效的沟通在项目参与方之间架起一座桥梁，把具有不同文化和组织背景、不同技能水平、不同观点和利益的各类参与方联系起来。这些参与方能影响项目的执行或结果。

规划项目沟通对项目的最终成功非常重要。沟通规划不当，可能导致各种问题，例如，信息传递延误、向错误的受众传递信息、与参与方沟通不足，或误解相关信息。

在大多数项目中，都是很早就进行沟通规划工作，例如在项目管理计划编制阶段。这样，就便于给沟通活动分配适当的资源，如时间和预算。有效果的沟通是指以正确的形式、在正确的时间把信息提供给正确的受众，并且使信息产生正确的影响。而有效率的沟通是指只提供所需要的信息。

虽然所有项目都需要进行信息沟通，但是各项目的信息需求和信息发布方式可能差别很大。此外，在本过程中，需要适当考虑并合理记录用来存储、检索和最终处置项目信息的方法。

沟通规划需要考虑的主要因素如下（包括但不限于）：

（1）谁需要什么信息和谁有权接触这些信息。

（2）他们什么时候需要信息。

（3）信息应存储在什么地方。

（4）信息应以什么形式存储。

（5）如何检索这些信息。

（6）是否需要考虑时差、跨地域因素等。

应该在整个项目期间，定期审查出自规划沟通管理过程的成果，以确保其持续适用。

第二篇
设计、施工实务与软件操作

本篇为 BIM 模型设计、施工实务与软件操作，主要承接第一篇根据企业顶层设计，为了实现基于 BIM 技术的总承包业务总体流程框架，详细介绍 BIM 软件的选择和操作问题。

本书选择鸿业公司基于 BIM 模型的 EPC 整体解决方案：在设计阶段采用鸿业 BIMSpace 软件，施工阶段采用 iTWO 软件来介绍 BIM 软件应用操作。

设计阶段使用的鸿业 BIMSpace，软件包括以下功能：

（1）涵盖建筑、给水排水、暖通空调、电气的全专业 BIM 设计建模软件。

（2）可以进行基于 BIM 技术的能耗分析、日照分析、CFD 和节能计算。

（3）符合各专业国家设计规范和制图标准。

（4）包含族及族库管理、建模出图标准和项目设计信息管理支撑平台。

（5）设计模型信息可以完整传递到施工阶段。

鸿业 BIMSpace 设计集成平台的界面如下图所示。

设计集成平台界面

施工阶段采用 iTWO 软件，该软件主要包括以下模块：

（1）3D BIM 模型无损导入，进行全专业冲突检测，完成模型优化。

（2）根据三维模型进行工程量计算和成本估算。

（3）可以进行电子招标投标、分包、采购以及合同管理。

（4）进行 5D 模拟，管理形象进度，控制项目成本。

（5）能够与各种第三方 ERP 系统整合；根据企业管理层的需要，生成需要的总控报表。

iTWO 软件施工管理平台的界面如下图所示。

施工平台界面

第4章 BIM 设计的准备工作

本章导读

对于 Revit 软件来讲，为了画出标准的模型，除了掌握相应的绘图技巧之外，还应该熟悉基本设置以及团队协作的内容，才能提高工作效率。本章主要讲解 BIM 设计的准备工作，包括样板文件的设置、模型的拆分与整合，以及团队协作方法。

本章学习目标

(1) 熟悉样板文件设置方法。

(2) 掌握模型拆分与整合的原则。

(3) 了解团队协作的方法。

4.1　样板文件设置

Revit 样板文件是项目建模的基础资源之一。按照二维制图时代的习惯，有很多沿袭下来的制图要求均应在样板文件中保留并预设；在三维工作模式下，新的问题带来新的规范化要求，也应在样板文件中保留并预设。

（1）样板文件定制的目的和内容

① 模型表达符合规范。

设计师的设计产品——二维图纸，是设计师和客户、设计师和施工方进行交流的方式之一，特别是其中的施工图图纸，是具有法律效力的设计文件，它必须符合国家的法律、法规及设计规范以及地方与行业标准。从表达方式上必须满足设计制图规范。

对于使用 Revit 软件的国内建筑师来说，安装程序所提供的系统样板文件会不符合国内设计制图规范，应用者从各种渠道获得的国标样板也会与自己所在设计单位的一些要求或设计师的个人习惯有或多或少的差异。尽可能地改变和缩小这些差异就是样板文件定制的目标之一。

② 做好设计中的标准化工作，减少重复工作量。

在方案设计阶段和施工图设计阶段，总是存在着一些固定的工作需要做，其中一些是共性的问题，例如门窗表、建筑面积的统计、建筑装修表、图纸目录等。根据不同设计项目的特点和要求，把这些重复性的工作在项目样板文件里预先做好，就可以避免在每个项目设计中重复这些工作，从而提高设计质量和设计效率。

③ 样板文件一般按专业分别制作，每个专业的样板文件均包括以下内容：

a. 该专业的族及其相关参数设置。

b. 该专业项目单位设置。

c. 项目线型图案设置。

d. 填充图案设置。

e. 尺寸样式设置。

f. 轴线、轴号、标注设置。

g. 专业配色设置。

h. 共享参数设置。

i. 视图样板。

g. 浏览器组织。

k. 过滤器设置。

（2）样板文件设置

① 项目族。

样板文件中，会加载常用的族。但是，太多族会导致样板文件太大，而拖慢计算机运行速度。所以，一般建议项目用族放在单独的族库中进行管理，在项目实施过程中根据需要调取。

② 项目度量单位设置。

项目中所有模型均应使用统一的项目长度、面积、体积、坡度等度量单位，项目单位的设置应在各专业的项目样板文件中进行，以保障所有项目模型设计的统一性。

项目单位设置方法如下：

在 Revit 选项菜单【管理】→【项目单位】对话框（见图 4.1-1）中，在【公共】规程下，设置项目度量的单位。

例如：

长度单位为毫米，用于显示临时尺寸精度、标注尺寸，带 0 位小数。

面积单位为平方米，带 2 位小数点。

体积单位为立方米，带 2 位小数点。

角度单位为度（°），带 2 位小数点。

坡度单位为度（°），带 3 位小数点。

其他专业的度量单位，按专业需求在专业样板文件中进行设置，通常情况下采用 Revit 软件默认设置。

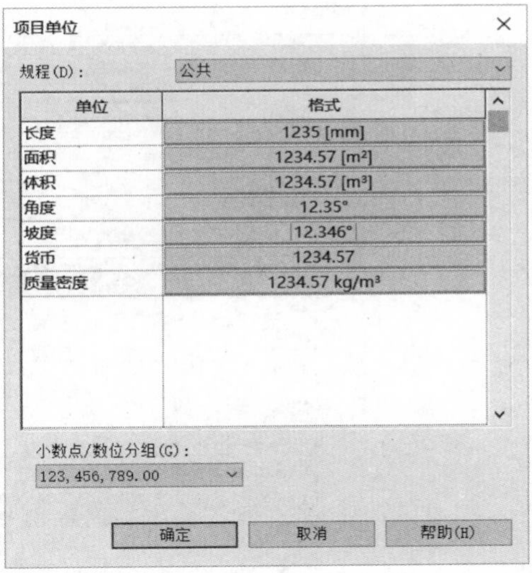

图 4.1-1　项目单位对话框

③ 项目文字。

在样板文件中，我们还需要对不同的文字样式进行预设。在注释选项卡中选择文字功能，并在类型属性中可以对文字的颜色、线型、背景色及其他样式进行设置，如图 4.1-2 所示。

Revit 软件的文字字体来源于 Window 操作系统的字体库，而 CAD 用的是自己的字体库。所以，使用 Revit 软件设计，我们只能通过寻找相近字体替换的方法来解决这两个字体库所存在的差异。Revit 软件文字库的路径来源如图 4.1-3 所示。

同样对于 Revit 软件字体来说，也需要预先在样板文件中设置好所需要的文字字体。根据测试项目，在 Revit 软件里面，选择仿宋字体，宽度系数根据需求设定，一般情况下为 0.7。如图 4.1-4 所示。

④ 线宽。

使用"线宽"对话框，定义视图中用来绘制线的画笔笔宽。画笔笔宽，定义的是打印出来打印宽度，如图 4.1-5 所示。不同的线宽，对应模型中不同的打印宽度。

可以在"管理"选项卡➤"设置"面板➤"其他设置"下拉列表中找到线宽对话框，可以控制模型线、透视视图线或注释线的线宽。

对于模型线，可以指定正交视图中模型构件（如门、窗和墙）的线宽。线宽取决于视图的比例。

对于透视视图线，可以指定透视视图中模型构件的线宽。可能需要使用 Linework 工具来应用不同的线样式和线宽。

对于注释线，可以控制注释对象（如剖面线和尺寸标注线）的线宽。注释符号的宽度与设计比例无关。

要为图元类别（如墙、窗和标记）指定线宽，可使用"对象样式"对话框。

在"模型线宽"选项卡中可以通过添加方式在相应比例下指定各代号的线宽值，如图 4.1-6 所示：

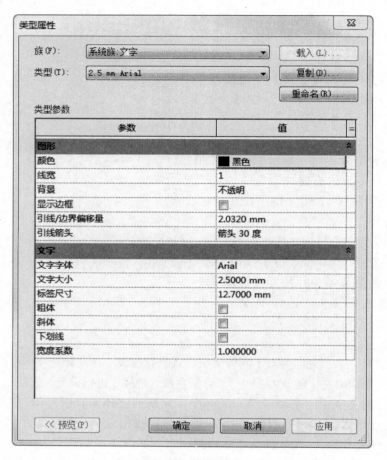

图 4.1-2　类型属性设置界面

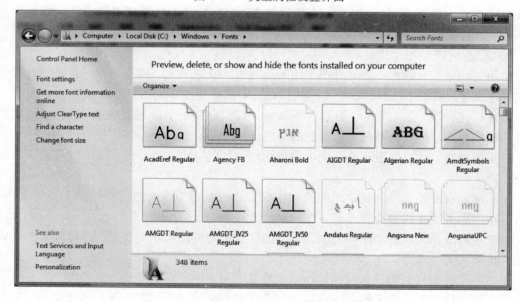

图 4.1-3　Revit 软件文字库路径来源对话框

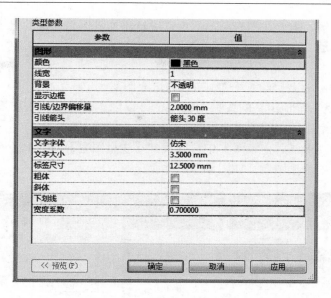

图 4.1-4 字体类型参数对话框

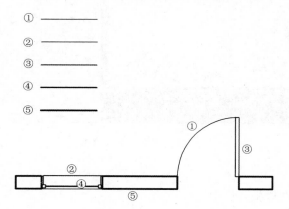

图 4.1-5 线宽

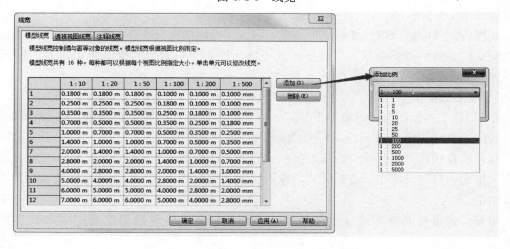

图 4.1-6 线宽对话框

而对于特殊比例，需要在图右所示的位置进行添加，但是线宽的显示样式只能按照邻近比例样式进行显示。

⑤ 线型图案。

在 Revit 软件中可以指定使用的线样式的填充图案。

Revit 软件提供几个预定义的线型图案，也可以创建自己的线型图案。线型图案是一系列其间交替出现空格的虚线或圆点。

在【管理】选项卡【其他设置】中可以找到【线型图案】对话框，查看已有的线型图案，并且添加需要的线型图案。如图 4.1-7 所示。

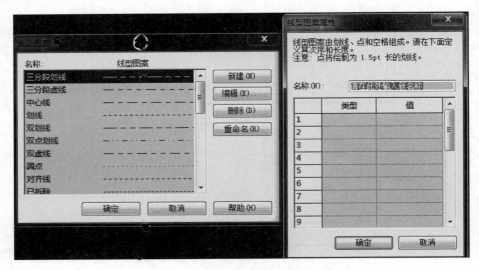

图 4.1-7　线型图案对话框

⑥ 线样式。

线样式可以存储在样板文件中。

在安装和运行 Revit 软件后，多种线样式会包含其中，包括面积边界线、房间分割线等，如图 4.1-8 所示。

在样板文件中默认的线样式不可删除，因为 Revit 软件在某些功能中这些线样式将直接对应这些功能所创建的线。当这些样式不够用时，可以新建线样式来满足我们所需样式，如图 4.1-9 所示。

⑦ 填充图案。

在 CAD 二维制图时代就有填充样式，发展到三维时代同样也会用到。我们可以将二维时代的填充样式导入 Revit 软件中，形成统一的填充样式库。

打开填充样式——新建——自定义——导入，选择已经准备好的 pat 格式文件，填充样式会加载入自定义栏中，选择样式，输入比例，点击"确定"后，填充样式就会出现在列表中了。

填充样式可控制剪切或显示的外观，还可以创建或修改绘图填充图案和模型填充图案。

填充样式可以依附于材质类型，每一种材质都会对应一种填充样式；也可以不依附

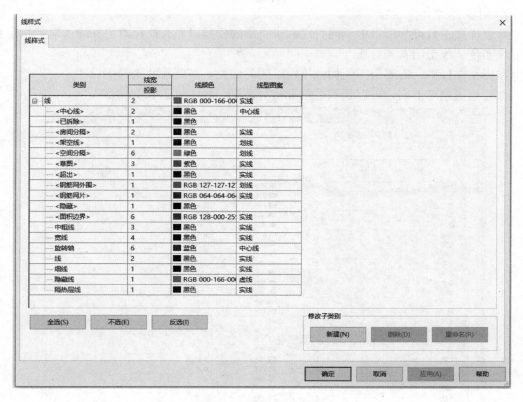

图 4.1-8　线样式对话框

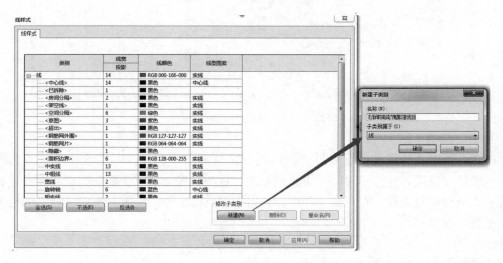

图 4.1-9　新建线样式对话框

于材质，单独形成填充样式。一般每个企业都会有自己的填充样式库，在设计工作开展前，应将这些填充样式库导入项目的样板文件中，来统一整个项目中所有文件的填充样式。而导入时要区分开绘图填充和模型填充，因为这两种填充样式在视图中是有很大区别的。

⑧ 对象样式。

对象样式工具可为项目中不同类别和子类别的模型对象、注释对象和导入对象指定线宽、线颜色、线型图案和材质。

在样板文件中，需要为不同构件指定不同的线宽，需要在此工具中设置。

在管理选项卡下面，可以找到对象样式对话框，如图 4.1-10 所示。

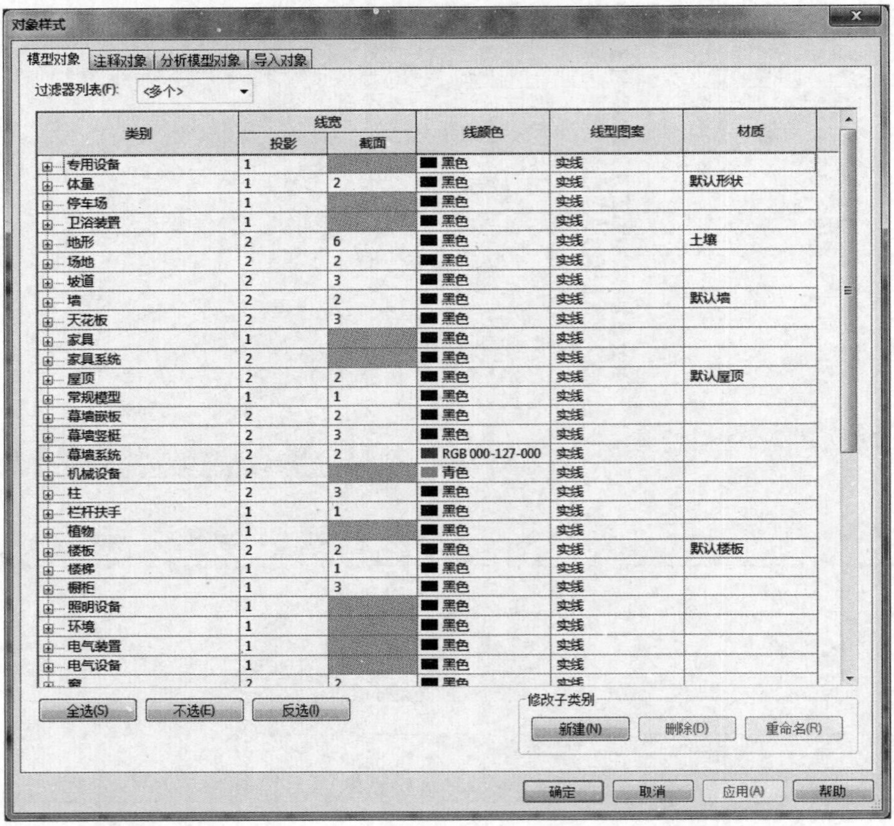

图 4.1-10　对象样式对话框

⑨ 其他设置。

用户还可以在样板文件里面设置包括项目浏览器组织、预设明细表、系统族的类型等。由于篇幅所限，这里不再一一讲述。总之，这些设置目的，主要是为了方便设计建模的需求，减少重复工作。在后续工作中，可以根据自己工作的需求，来定义自己的样板文件，提高工作效率。

4.2　模型拆分与整合

4.2.1　模型的拆分原则

所有的协同工作都需要先把工作进行分解，即 WBS（工作结构分解），当前国内建筑行业内常见的拆分方式有如下几种：

（1）按项目阶段拆分

此种方式为按照施工工艺进行模型拆分。例如混凝土施工，将一次浇筑、二次砌筑拆分为不同的模型，或将保持现状的、需要拆除的、新建的拆分为不同的模型。此种拆分方式与建设单位建造流程契合，常见于施工需要。

（2）按设计流程拆分

在建筑方案阶段，建筑师根据自身的空间需求，按照构件、区域对模型进行拆分，例如，幕墙、外窗、外墙；办公区、商业区、住宅区等。利用建筑方案模型文件，在施工图设计阶段，按照建筑功能、单体建筑对模型进行拆分。在深化设计阶段，按照项目深度要求对模型进行拆分，例如建筑立面深化、支吊架布置、管线综合等。总之，不同阶段模型文件之间前后衔接、设计内容环环相扣。按照此种做法，各设计阶段只需要完成其对应的工作内容，并保存为该阶段的模型文件。这些所有的模型文件组合在一起便是一个完整的项目。

（3）按楼层拆分

如果必须要与建筑对应，或者为了便于施工及物业管理，也可以把所有专业全部按楼层进行划分。此种拆分方式虽然也有一定道理，但会导致机电专业的所有系统均被打断成若干段，无法成系统进行计算，且进行管道安装时，特别是竖向管线都是成套安装，没有单独按楼层几米一段的做法。此种拆分方式简单粗暴，施工深化翻模时可以考虑，设计阶段使用此模式时需谨慎。

（4）按专业计算系统拆分

这一种拆分方式与二维时代使用外部参照的方式基本一致，建筑专业按层、按区域、按构件、按户型、按建筑构件等方式进行拆分；结构专业按照受力的力学体系进行拆分；机电专业按照专业、系统、子系统的方式进行拆分。按照 Revit 逻辑，只有在同一模型内的构件才能够组成系统，这也是现阶段我们比较推荐的拆分方法。

拆分角度方法很多，目的是针对应用的要求来拆分，同时兼顾项目的其他要求，所以项目的要求越多，应用点越多，拆分方法之间的矛盾越多，想要都兼顾就越难。

拆分之后，单一模型文件最大不宜超过 200M，以避免后续多个模型文件操作时硬件设备速度过慢（特殊情况时以满足项目建模要求为准）。

4.2.2 模型整合原则

各专业、各工作人员在完成各自的工作内容之后，还需要将所有的模型链接到一起，组合成单专业或整个项目的一个完整模型。

在进行模型整合工作时，首先需要特别注意的是链接模型的"参照类型"、"参照路径"和"参照层级"。

在实际工作中，当我们链接一个模型时，经常会出现被链接的模型本身还链接着其他模型，即嵌套链接的情况。对于下行专业来说，嵌套链接有附着和覆盖两种。

（1）参照类型

嵌套链接会根据父模型中的"参照类型"设置进行显示。

①"覆盖"选项不将嵌套模型载入主体模型中，因此这些模型将不显示在项目中，如图 4.2.1-1 所示。

②"附着"选项在主体模型中载入嵌套链接模型，使这些模型显示在项目中，如图 4.2.1-2 所示。

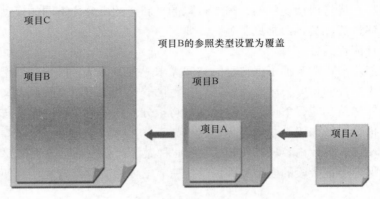

图 4.2.1-1　覆盖类型设置

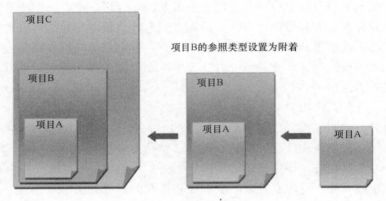

图 4.2.1-2　附着类型设置

（2）参照路径

文件存放位置，包括绝对路径和相对路径。绝对路径存在位置和形式固定，包括本地硬盘驱动器号、网站的 URL 或网络服务器驱动器号。这是最明确的选项，但是缺乏灵活性。相对路径是使用当前驱动器号或宿主图形文件夹的部分指定的文件夹路径。这是灵活性最大的选项，可以使您将模型文件从当前驱动器移动到使用相同文件夹结构的其他驱动器中。一般来说，族库文件位置需要固定，利用绝对路径比较好。所有人都共用的资源库文件，建议采用绝对路径比较好。而每一个项目文件一般采用相对路径比较好。如果所参照的文件位于其他本地硬盘驱动器上或网络服务器上，则相对路径选项不可用。

（3）参照层级

做项目时，需要考虑好链接文件之间的参照关系，是选择附着还是覆盖都需要提前确定。随着链接层级越来越多，文件数量会越来越多，如果参照关系选择不合适，就会造成模型统计结果错误。参照层级越来越多时，需要处理好被链接文件的视图设置及参照类型。例如绘图时，到哪一层该选用附着还是覆盖，不管是用行政命令还是团队纪律，都需要有人统一组织管理。

4.3 团队协作方法

4.3.1 中心文件的协作方法

工作共享是一种设计方法，此方法允许多名团队成员同时处理同一个项目模型。在许多项目中，会为团队成员分配一个让其负责的特定功能领域，如图 4.3.1-1 所示。

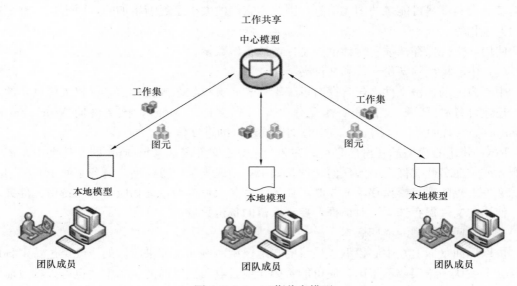

图 4.3.1-1 工作共享模型

在处理启用了工作共享的团队项目时，使用以下准则能提高工作效率和性能。

（1）工作集和图元借用

通常而言，建议在中心模型的本地副本中工作，不要将工作集置于可编辑状态。编辑未被其他团队成员编辑的图元时，将自动成为该图元的借用者，可根据需要对其进行修改。

建议工作时经常与中心文件同步。默认情况下，同步即可放弃借用的图元，允许其他团队成员对其进行编辑。

（2）使用工作共享显示模式

使用工作共享显示模式，以便直观区分图元检出状态、图元的所有者、模型更新和工作集。

（3）"工作集"对话框

要全局关闭图元可见性，请从"工作集"对话框关闭工作集，而不是在"可见性/图形"对话框中关闭。

（4）使用"重新载入最新工作集"

使用"重新载入最新工作集"命令以更新项目副本，而不修改中心模型。这种做法不需要在保存到中心文件的过程中重新载入该模型，因而可以节省很多时间。

（5）压缩中心模型

在选中"压缩中心模型（慢）"选项的情况下，定期与中心模型同步。在保存启用了工作集的文件时，此选项可以减小文件的大小。压缩过程将重写整个文件并删除旧的部分，以便节省空间。由于压缩过程比正常保存要花费更多时间，因此建议仅在工作流可以中断的情况下进行压缩。

（6）工作共享项目的本地副本的备份文件

每次用户与中心文件进行同步或者保存中心模型的本地副本时，都会创建备份文件。连续备份会共享尽可能多的图元信息。因此，它们的大小是逐渐增加的，而不是与整个项目的大小相等。

使用"文件保存选项"对话框控制保留的备份数量。

（7）中心模型的备份文件和文件夹

中心模型的备份文件夹包含存有可编辑性和所有权状态等相关信息（权限信息）的文件。还包含各种 DAT 文件和一个工作共享日志文件（.slog），该文件向 Worksharing Monitor 提供有关操作（例如，与中心文件同步）的进度信息。

Revit 将中心模型的备份信息存储在名为［中心文件名］＿backup 的文件夹中。请不要删除或重命名此文件夹中的任何文件。如果移动或复制项目模型，请务必使中心模型的备份文件夹也随项目模型移动或复制。如果重命名项目模型，请相应重命名备份文件夹。

使用"文件保存选项"对话框，控制保留的备份数量。

（8）返回到模型的早期版本

可以返回（回退）中心模型或项目的本地模型。例如，如果所做的修改经过特定日期之后就会被认为错误或不正确，便可能希望让项目返回到以前的版本中，也可以将以前的版本另保存为新的项目模型。

4.3.2　链接文件的协作方法

关于链接文件的概念，在第 4.2.2 节中，已经作了介绍。链接文件比之于中心文件的优势，在于各专业的灵活性、独立性和个人效率更高。缺点是不能在一个文件里，同时调整所有的构件，对其他构件的修改包括管线的连接，也不能直接实现。一般在实际项目中，会根据专业配合的特点，选择中心文件和链接文件两种协作方式并存的协同方法。

链接文件的一般工作步骤如下：

（1）打开本专业模型。

（2）链接其他专业模型。

通过【插入】—【链接 Revit】—选择其他专业模型，定位方式选择"原点到原点"（如果有共享坐标，则按照共享坐标定位）。

第 5 章　BIM 设计建模

本章导读

　　本书作为《BIM 工程师专业技能与培训》丛书的第五本，重点介绍软件使用技巧与实战应用，对于 Revit 软件的基础操作，可以参考其他分册的内容。本章主要介绍基于 Revit 二次开发软件鸿业 BIMSpace 软件的相关命令，让学员学会利用国内的开发工具，来快速实现 BIM 专业设计，加快建模效率，提高设计质量，促进多专业协同。

本章学习目标

　　(1) 建筑专业 BIM 设计技巧。

　　(2) 机电专业 BIM 设计技巧。

　　鸿业 BIMSpace 软件包含建筑、给水排水、暖通、电气、装饰模块。接下来的内容，使用户在较短的时间内，掌握利用鸿业 BIMSpace 软件进行建筑模型的搭建、给水排水系统的设计、暖通空调系统的设计、电气系统的设计；同时加快 BIM 技术在各单位的推广和应用，促进各单位 BIM 技术应用水平得到快速提高。

本章二维码

1. 楼梯、自动　　2. 汽车坡道、汽车　　3. 连接器具　　4. 自动设计
　扶梯、电梯　　　　坡道展开图

5. 风管水力计算　　6. 暖通风盘布置、　　7. 自动布灯　　8. 电气系统图
　　　　　　　　　　　路由连接

5.1　建筑专业

鸿业 BIMSpace 软件中的建筑模块的名称为"乐建",其功能多采用参数化界面进行快速建模,提高建模效率。可以快速地通过参数化界面完成标高、轴网的创建,以及坡道、台阶、散水、楼梯等构件的快速搭建。软件还添加了大量的建筑专业族,可供设计人员快速调用。在 BIMSpace 软件 2018 版中,乐建部分新增了许多的功能,优化了户使用和体验,包括我们的一键式生成汽车坡道展开图,并且增加了防火规范检查、楼梯规范校验、模型检查等功能,使广大用户使用起来更加的方便。

现结合鸿业 BIMSpace 乐建软件,介绍部分常用功能的使用。

5.1.1　标高、轴网

标高、轴网是建筑设计中两个非常重要的参考定位工具,在三维建筑设计中墙、门窗、梁柱、楼梯、楼板、屋顶等大部分构件的定位都和两者有着紧密的关系。在鸿业乐建软件中作设计时,建议先创建标高,再创建轴网,其中的原因主要是为了在平面中正确显示轴网。

（1）创建标高

选择"轴网\柱子"→"楼层设置"命令,点击命令后弹出界面如图 5.1.1-1 所示。

图 5.1.1-1　楼层标高对话框

鸿业乐建软件提供对楼层名称、标头样式、楼层高度等信息批量的修改,并可对已创建的标高进行删除操作。在"楼层设置"对话框中多选标高,批量修改功能便可使用,打开"批量修改"对话框,如图 5.1.1-2 所示。

（2）创建轴网

鸿业乐建软件提供了"直线轴网"和"弧形轴网"两个主要的轴网创建功能。

点击功能区"轴网柱子"→"直线轴网"命令,可批量根据进深或开间添加直线轴网,

图 5.1.1-2　批量修改对话框

同时提供对轴线族、X向轴号、Y向轴号等信息批量修改的命名。界面如图 5.1.1-3 所示。

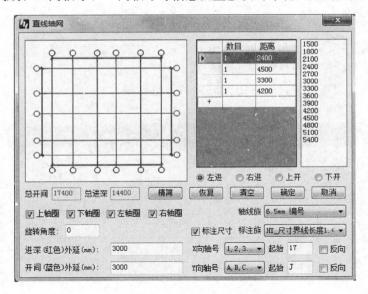

图 5.1.1-3　直线轴网对话框

轴网创建完成后，可以使用轴线编辑和轴号编辑命令对轴网进行修改和编辑。

5.1.2　柱子

点击功能区"轴网柱子"→"柱子插入"命令，打开"柱子插入"对话框，如图 5.1.2-1 所示。选择族库或者当前项目，选择要插入的柱类型（若没有需要的规格时，在族库下可以右键柱名称进行新建，在当前项目下只能在项目内创建新类型，自动同步到柱子插入界面进行使用），设置放置参数，根据所在楼层柱子的分布情况选择合适的插入方式（取点插入/按轴线插入/按轴网插入），重复此项操作直至完成柱子的插入。

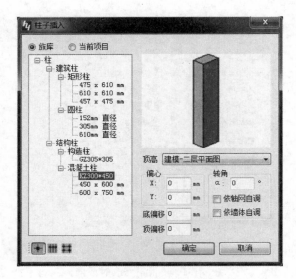

图 5.1.2-1　柱子插入对话框

5.1.3　绘制梁

鸿业乐建软件提供了批量建立梁模型的功能。点击功能区"墙和梁"→"批量建梁"命令，打开"批量建梁"对话框，如图 5.1.3-1 所示。选择要布置梁的楼层标高、布置方式、梁类型并设置布置参数，就可以完成梁的批量创建。

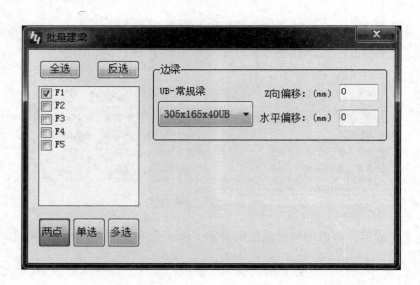

图 5.1.3-1　批量建梁对话框

根据梁在各楼层的布置情况，通过"绘制梁"和"批量建梁"的灵活组合可以快速完成各楼层梁的创建。

最终完成的梁布置效果如图 5.1.3-2 所示。

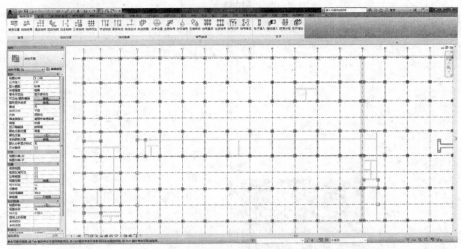

图 5.1.3-2　梁布置效果

5.1.4　墙体

　　墙是三维建筑设计的基础,它不仅是建筑空间的分割主体,而且也是门、窗、墙饰条与分隔缝、卫浴灯具等设备模型构件的承载主体。同时,墙体构造层设置及其材料设置,不仅影响着墙体在三维、透视和立面视图中的外观表现,更直接影响着后期施工图设计中墙身大样、节点详图等视图中墙体截面的显示。

　　鸿业乐建软件提供了"轴网生墙"和"线生墙"的功能,可以自动拾取轴网或者拾取线来自动生成需要的墙体。界面图如图 5.1.4-1 所示。

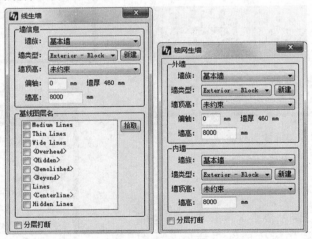

图 5.1.4-1　线生墙和轴网生墙对话框

5.1.5　门 、窗

　　(1) 创建门窗

　　点击功能区"门窗\楼板\屋顶"→"插入门"命令,打开"插入门"对话框,如图5.1.5-1 所示,可以同时完成门构件及其规格的选择、门类型的新建、门布置参数(门槛高)设定、插入方式(主要包括拾取点、垛宽插入、等分墙段插入、等分轴线插入四种方

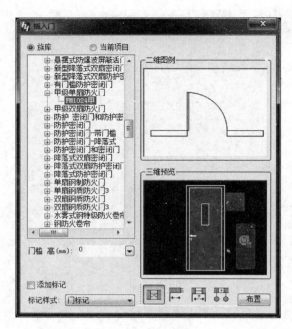

图 5.1.5-1　插入门对话框

式）的选择及对应参数的设定、门标记样式和标记文字的设定等一系列操作，实现门构件的快捷布置。窗户布置方式同门。

（2）门窗表

鸿业乐建软件为了提高绘图效率，提供了门窗表和门窗图例的快速生成功能。

点击功能区"门窗＼楼板＼屋顶"→"门窗表"命令，打开"创建门窗表"对话框，如图 5.1.5-2 所示，在对话框中可以勾选表头内容和需要统计门窗的楼层，单击"确定"按钮，即可对门窗进行统计。

（3）门窗图例

点击功能区"门窗＼楼板＼屋顶"→"门窗图例"命令，打开"视图选择"对话框，如图 5.1.5-3 所示，在对话框中可以修改视图名称，但视图名称需包含"门窗图例表"字样。单击"确定"按钮，进入新视图，框选一个范围即可自动生成门窗图例。

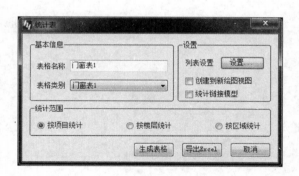

图 5.1.5-2　统计表对话框

图 5.1.5-3　视图选择对话框

5.1.6　楼板

（1）创建楼板

点击功能区"门窗＼楼板＼屋顶"→"生成楼板"命令，打开"楼板生成"对话框，如图 5.1.6-1 所示，选择要生成的楼板类型，设定标高偏移、边界组成条件、生成方式和操作方式等布置参数，快速完成各楼层楼板的创建。

【提示】楼板生成的操作方式选择点选时，需要在封闭区域内选择一个参照点才能顺利创建楼板。

图 5.1.6-1　楼板生成对话框

（2）编辑楼板

生成楼板以后，鸿业乐建软件还提供了"自动拆分"、"楼板合并"功能，不用编辑楼板的边界线，即可实现楼板的自动拆分与合并。

5.1.7 楼梯

鸿业乐建软件根据建筑图集，提供了图集上常用的 12 种楼梯样式快速创建的命令。下面以最常用的双跑楼梯为例，点击功能区"楼梯＼其他"→"双跑楼梯"命令，如图 5.1.7-1 所示，可以在一个界面完成所有楼梯参数的输入。

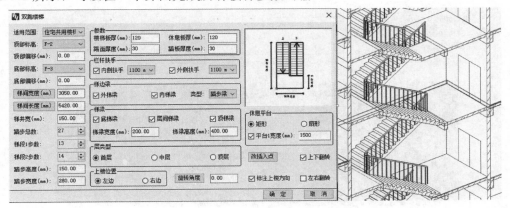

图 5.1.7-1　双跑楼梯对话框

除了常规的楼梯，鸿业乐建软件还提供了钢梯、自动扶梯、电梯的创建命令。界面如图 5.1.7-2～图 5.1.7-4 所示。

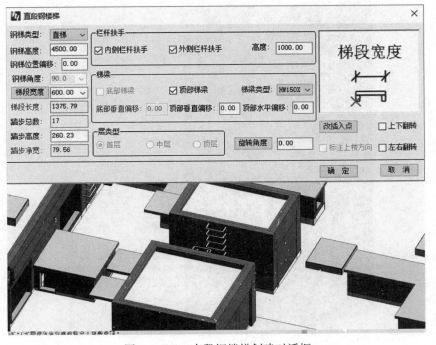

图 5.1.7-2　直段钢楼梯创建对话框

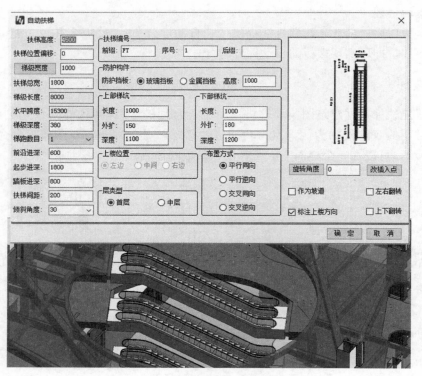

图 5.1.7-3　自动扶梯创建对话框

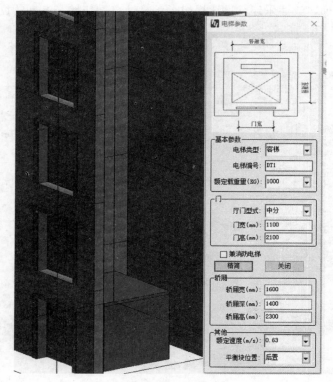

图 5.1.7-4　电梯参数修改对话框

5.1.8 坡道

(1) 创建汽车坡道

点击功能区"楼梯\其他"→"汽车坡道",创汽车坡道时,需要提前用模型线或详图线绘制出坡道路基线。在弹出的"创建坡道参数设置"对话框中(图 5.1.8-1),可以在对话框界面集中设定坡道的相关参数,主要包括底板类型选择、坡道标高和宽度的设置,是否对坡道进行过渡平滑处理,以及过渡半径的设定和坡道方向的反转等,通过窗口的实时预览功能可以实时呈现坡道的创建状态,这样就能快速完成坡道的创建。

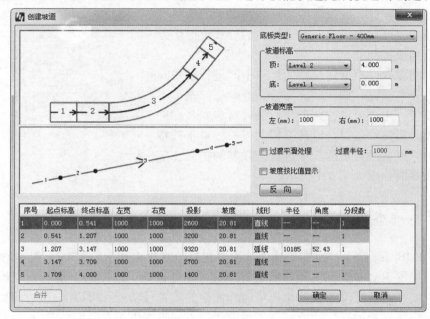

图 5.1.8-1 创建坡道对话框

(2) 汽车坡道 展开图

在绘制完汽车坡道后,鸿业乐建软件还提供了坡道展开图功能,可以一键自动生成展开图,如图 5.1.8-2 所示。

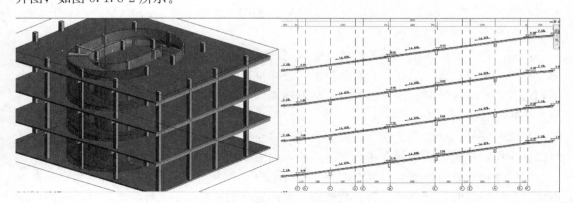

图 5.1.8-2 自动生成展开图

5.1.9　房间和面积计算

房间生成这个功能在建筑中还是颇为实用的，尤其是批量房间生成，方便修改各个房间的名称、编号。为后期标注房间的面积提供了方便。面积计算可以帮助使用者快速地计算出房间面积、套内面积等多种面积。

鸿业软件房间编号功能生成的房间可附带如房间名称、编号、户型、单元、楼号等信息，除此之外，还附带了影响后续面积计算的折算面积系数，以上的信息通过房间编号功能可一次生成，对于标注的形式也提供方便灵活的全局设置功能。

同时，鸿业软件根据建筑物的性质不同进行了房间名称模板的分类预设，如住宅、办公、商业等都做了不同的基础模板。用户可以按照设计习惯，对房间名称进行整体修改，最终形成符合设计习惯的模板。对于较特殊的建筑物，可通过自定的选项进行无限制的扩展。房间编号模板界面如图 5.1.9-1 所示。

图 5.1.9-1　房间编号模板界面

5.2　给水排水专业

鸿业 BIMSpace 给水排水专业软件，主要包括给水排水和消防两个模块。给水排水部分提供了便捷的卫浴布置模块和管道绘制模块，并且提供了快速的卫浴与管道连接功能；消防模块主要是进行喷淋系统的快速搭建和便捷的定管径功能，可以实现快速地定管径命令，并且提供消火栓的连接功能。对于管道调整方面也提供了升降偏移命令，可以快速地对碰撞位置进行处理。

5.2.1　管道绘制

点击功能区"给排水"→"绘制横管"和"绘制管道"命令，可以绘制横管，点击"绘制横管"命令，打开"绘制横管"对话框，如图 5.2.1-1 所示，可以设置管道类型、系统类型和公称直径等参数。

点击功能区"给排水"→"创建立管"，打开"绘制水管立管"命令，同"绘制横管"命令一样，可以设置管道类型、系统类型、公称直径和顶底标高，如图 5.2.1-2 所示。当不勾选"参照标高"时，则自动变为"绝对标高"，点击"绘制"按钮，在视图中选取一点，则在此处绘制一段立管。

当绘制好一段立管和横管后，可使用"横立连接"功能，把两条管道连接起来，并且可以根据用户设置，实现横管和立管的对齐，如图 5.2.1-3 所示。

之后要修改立管的属性，可以使用"立管编辑"命令。点击"立管编辑"命令，在视图中选取一段立管，打开"立管参数修改"对话框，如图 5.2.1-4 所示。该命令可以自动读取该管道现有的信息，可以在此基础上修改立管的属性。

图 5.2.1-1 绘制横管对话框

图 5.2.1-3 横立连接
功能对话框

图 5.2.1-2 绘制水管立管对话框

图 5.2.1-4 立管参数
修改对话框

5.2.2 连接器具

管道和器具布置完成后，可以通过"连接器具"命令进行批量的管道和器具连接。点击功能区"设置定义"→"连接卫浴"命令，打开"连接器具"对话框，如图 5.2.2-1 所示。

选择存水弯类型，框选需要连接的设备与管段，即可完成连接。该功能可自动区分给水和排水管道与洁具的接入点。连接示例如图 5.2.2-2 所示。

【提示 1】如果设备的接口是竖直的，则不能与立管进行连接。

【提示 2】管道和器具接口可以处在不同标高，它们之间的高度差需大于至少一个管件的高度。

图 5.2.2-1　连接器具对话框

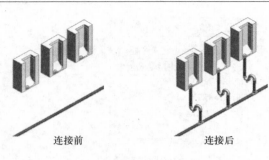

图 5.2.2-2　设备与管段连接

5.2.3　自动设计

布置好卫生间的卫浴装置以后，就可以点击功能区"设置定义"→"给水自动设计"和"排水自动设计"命令，对卫生间的设备进行给水排水系统的自动设计。

下面介绍排水自动设计的方法。点击功能区"设置定义"→"排水自动设计"命令，打开"排水自动设计"对话框，如图 5.2.3-1 所示。在"基本设置"中有两大选项，一种是"连接立管"，选择该选项后，可以对连接立管的横管进行标高、管径、坡度和夹角等参数的设置；另一种是"连接横管"选项，点击该选项后，在"基本设置"中通过勾选"是否绘制横管"来确定是否要绘制横管来连接框选中的横管。同时，设计师还可以完成污废水分流的设计方案。

在下面"存水弯设置"功能中，可以对与小便器、大便器和盥洗池等设备连接的存水弯类型进行设置。通过"排水自动设计"功能，可以大大节省卫生间排水系统设计的时间，提高了设计效率，排水系统设计完成示意图，如图 5.2.3-2 所示。

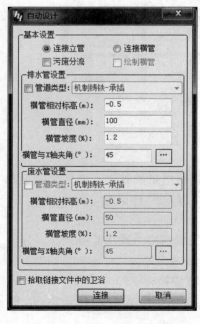

图 5.2.3-1　自动设计对话框

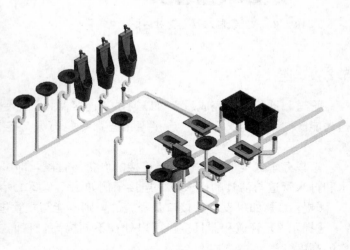

图 5.2.3-2　排水系统完成图

5.2.4 水管阀件

点击功能区"给排水"→"水管阀件"命令，打开"水阀布置"对话框，如图5.2.4-1 所示，可以在管道上进行阀件的布置。软件提供的水管阀件，在三维上不仅可以自适应管道的大小，还可以满足出图图例的规范要求。

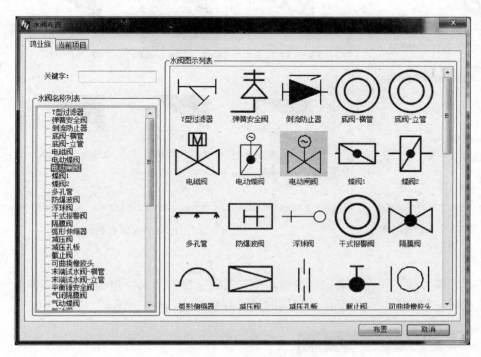

图 5.2.4-1　水阀布置对话框

5.2.5 布置消火栓

点击功能区"消防系统"→"布置"命令，打开"布置消火栓"对话框，如图5.2.5-1 所示。

点击图 5.2.5-1 上方图片，打开"选择消火栓"对话框，如图 5.2.5-2 所示，对话框中可选择消火栓类型。

在图 5.2.5-2 的参数设置一栏，可自定义相对标高（相对于该机械平面的标高）和保护半径。

单击"布置"按钮，选择位置进行消火栓的布置。

【提示】绘制的消火栓范围，检查绘制的范围框可通过"规范＼模型检查"→"清除检查"命令进行删除。

5.2.6 消火栓连接

消火栓和管道绘制后，可进行管道和消火栓的连接，点击功能区"消防系统"→"连接"命令，打开"选择消火栓的进水口"对话框，如图5.2.6-1 所示。

图 5.2.5-1　布置消火栓
　　　　　对话框

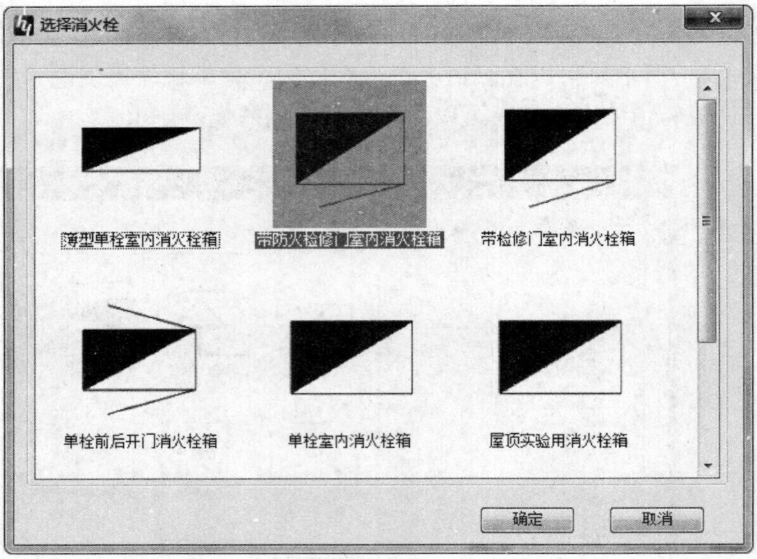

图 5.2.5-2　选择消火栓对话框

　　选择连接方式，单击"确定"按钮，框选需要连接的消火栓和水管即可。需要注意的是，连接时它们的系统类型必须是相同的，示例如图 5.2.6-2 所示。

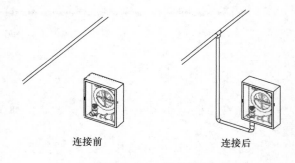

图 5.2.6-1　选择消火栓
　　　　　进水口对话框

图 5.2.6-2　消火栓与
　　　　　管道连接

　　【提示 1】如果消火栓的进水口是竖直的，则不能与立管进行连接。
　　【提示 2】管道和消火栓接口可以处在不同标高，但标高差需大于至少一个管件的高度。

5.2.7　布置喷头

　　消防系统的设计中，鸿业软件提供了丰富的喷头布置命令，能够快速完成整个区域的喷淋自动布置，并且实现自动避让已有建筑结构，界面如图 5.2.7-1 所示。

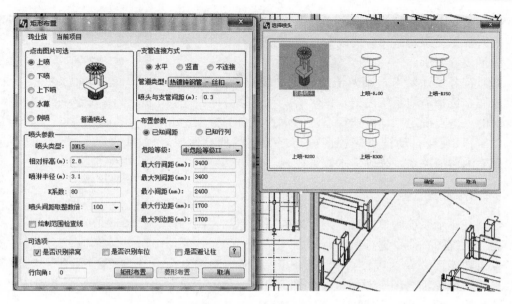

图 5.2.7-1　喷头布置界面

5.2.8　定管径

管径定义功能可根据水管所连接的喷头数目，快速的确定水管的管径。

点击功能区"消防系统"→"定管径"命令，打开"喷头数确定管径"对话框，如图 5.2.8-1 所示。

图 5.2.8-1　喷头数确定管径对话框

选择所要求的危险等级，下方所显示的"喷头数量—管径"表内数据会跟着做相应的改变，检查其表内的对应关系是否满足设计要求。

如果符合设计要求，则单击"确定"按钮，进入 Revit 模型操作，选择消防系统内的入口水管，且搜索方向由选择水管时的点击点确定（即离选择点近的水管接口为搜索的开始入口），系统会自动搜索该视图内与之相连的所有水管，并根据表内对应关系，来确定水管管径。

5.2.9　系统图

绘制好排水系统管道以后，则可以利用"标注出图"模块中的"系统图"命令进行出图。

点击功能区"专业标注 \ 协同"→"系统轴测图"命令，打开"系统轴测图"对话框，如图 5.2.9-1 所示，设置好各项参数以后，单击"确定"按钮，在视图中选取一个管道系统，则可以自动生成该系统的系统图，如图 5.2.9-2 所示。

图 5.2.9-1　系统轴测图
对话框

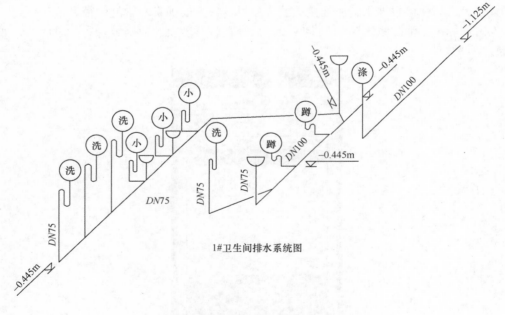

图 5.2.9-2　卫生间排水系统图

5.3　暖通专业

鸿业 BIMSpace 软件的暖通模块提供暖通专业样板，其中负荷计算工具能够自动提取模型中建筑墙体、门窗等相关信息，自动创建计算空间并进行负荷计算，输出报表；提供空调系统建模设计中风机、风口、风阀、水阀、风机盘管等设备的布置功能,通过灵活方便的设备族检索界面,结合鸿业丰富的设备族库,即点即用;可批量将选中风口自动连接到风管上,将选中的风机盘管连接到管道上,大大提高末端设备连接的速度。同时可自由选择多种不同的连接方式及连接管件形式,弥补了 Revit 软件自身默认管件的不足;软件可以从模型中提取空调风系统、水系统信息进行设计计算和校核计算并生成计算书;提供常用的风管、水管标注样式;材料表样式可根据需要自定义材料表头,满足各个设计院的不同要求,结果可直接展现在 revit 界面中,也可直接导出到 Excel 表格中保存。提供采暖系统建模过程中散热器的布置功能;能够快速实现散热器与管道的批量连接;提供常用的水管标注样式和散热器片数标注。

5.3.1 布置风口

点击功能区的"风系统"→"布置风口"命令,打开"布置风口"对话框,如图5.3.1-1所示。在打开的对话框中对风口参数进行设置,设置完成后单击"单个布置"按钮,进行风口布置。对于规则区域也可使用"区域布置"功能,按照行列数或者行列间距快速布置风口,"区域布置"界面如图 5.3.1-2 所示。软件还提供"沿线布置"、"辅助线交点"等布置方式。

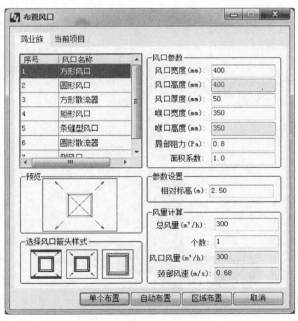

图 5.3.1-1　布置风口对话框　　　　　　图 5.3.1-2　区域布置对话框

5.3.2 绘制风管、立管

点击功能区的"风系统"→"风管"命令,激活"修改│放置风管"选项卡和选项栏,如图 5.3.2-1 所示,可以设置风管的宽度、高度以及偏移量,同时还可以在属性栏对风管进行设置,选择相应的风管系统类型。

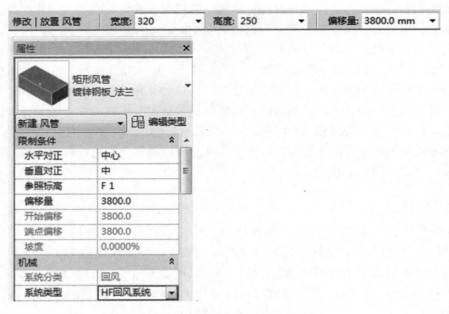

图 5.3.2-1　修改/放置风管对话框

如需要绘制立管，则点击功能区的"风系统"→"绘制竖风管"命令，根据系统提示，选择源风管，激活"绘制风管立管"对话框，如图 5.3.2-2 所示，可以对立管尺寸、系统类型、起始和终止标高进行修改。

绘制结果如图 5.3.2-3 所示，其中风管 1 为源风管，风管 2 为绘制的立管。

图 5.3.2-2　绘制风管立管对话框

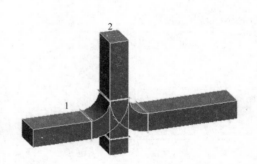

图 5.3.2-3　风管绘制结果图

5.3.3　风口连接

风口及风管布置完成后，点击功能区"风系统"→"批量连风口"命令，即可快速实现风口与风管的批量连接，并且可以设置管件连接和贴管连接两种方式，如图 5.3.3-1 所示。

可以使用"风系统"→"风管连风口"命令，实现单个风口跟风管直接的连接，软件提供了四种风口连接方式，如图 5.3.3-2 所示，也可以根据实际需求进行选择。连接前后

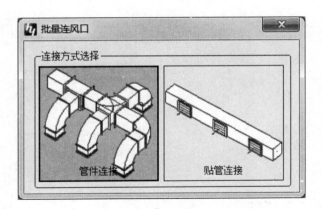

图 5.3.3-1　批量连风口对话框

效果如图 5.3.3-3 所示。

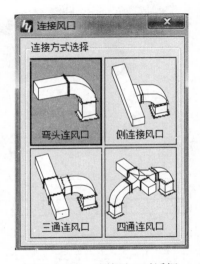

图 5.3.3-2　连接风口对话框

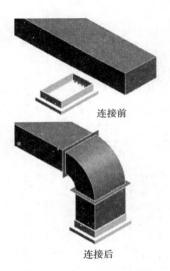

图 5.3.3-3　连接前后效果

5.3.4　风管连接

空调系统建模过程中还使用到"风管连接"、"分类连接"、"自动连接"等功能进行风管连接，下面通过案例进行简单介绍。

（1）风管连接

点击功能区中"风系统"→"风管连接"命令，打开"风管连接"对话框，如图 5.3.4-1所示，可以进行不同形式风管的连接。现以"弯头连接"和"三通连接"为例介绍使用方法。

（2）弯头连接

双击"弯头连接"按钮，可对弯头类型进行选择，如图 5.3.4-2 所示。之后框选风管，系统会自动进行风管连接，如果风管尺寸不同，系统会自动加上变径，连接效果如图 5.3.4-3所示。

（3）三通连接

双击"三通连接"命令，可选择三通的类型，如图 5.3.4-4 所示。然后框选需要连接的风管，即可完成三通连接，效果如图 5.3.4-5 所示。

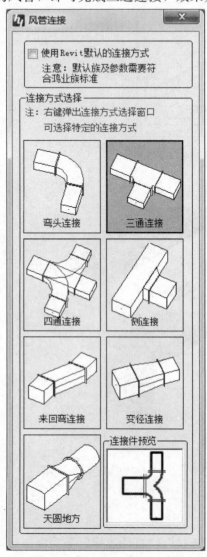

图 5.3.4-1　风管连接对话框

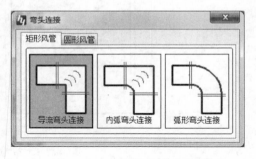

图 5.3.4-2　弯头连接对话框

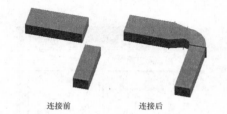

图 5.3.4-3　弯头连接效果

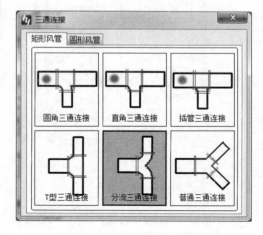

图 5.3.4-4　三通连接对话框

5.3.5　风阀管件

点击功能区中"风系统"→"风管阀件"命令，打开"风阀布置"对话框，如图 5.3.5-1 所示。在风阀图示列表中选择相应的风阀，单击"布置"按钮，系统会根据风管尺寸自动进行风阀尺寸调整，布置效果如图 5.3.5-2 所示。

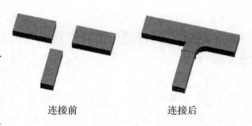

图 5.3.4-5　三通连接效果

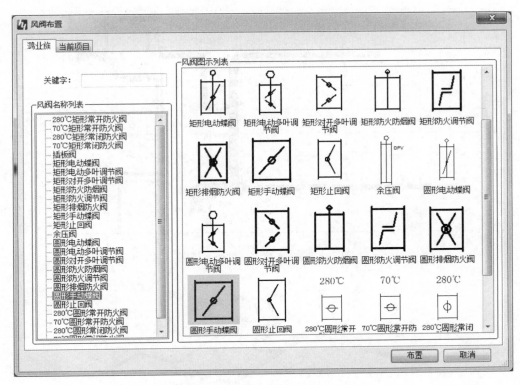

图 5.3.5-1 风阀布置对话框

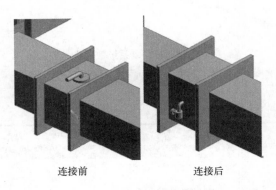

连接前　　　　　　　　　　连接后

图 5.3.5-2 风阀连接效果图

布置完成的地下一层风系统效果如图 5.3.5-3、图 5.3.5-4 所示。

5.3.6 风管水力计算

点击功能区的"风系统"→"水力计算"命令，状态栏提示"请选择要计算分支的第一段管远端"，此时单击"第一段管道起始端"按钮，弹出"风管水力计算"界面，如图 5.3.6-1 所示。

可点击查看每根风管的风速、阻力等数据。单击"设置"按钮，可设置风管的计算参数以及风管规格，如图 5.3.6-2、图 5.3.6-3 所示。

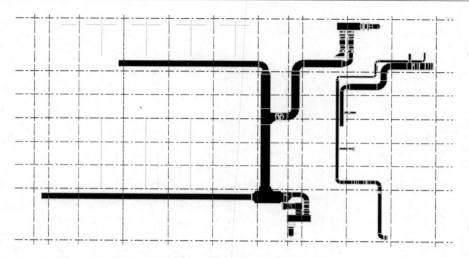

图 5.3.5-3　布置完成的风系统图

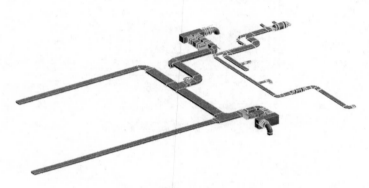

图 5.3.5-4　风系统效果图

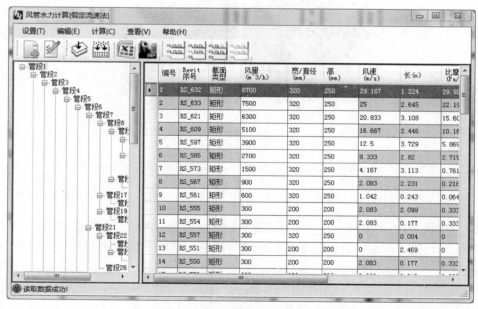

图 5.3.6-1　风管水力计算界面

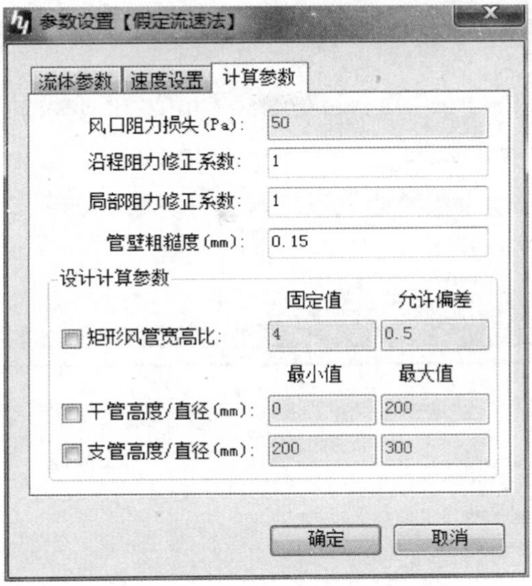

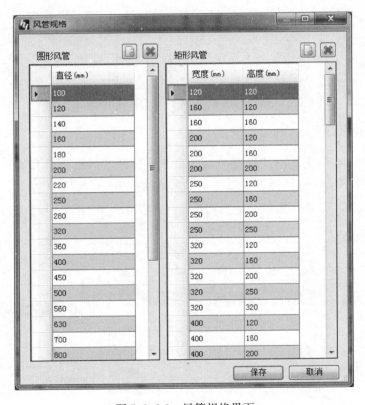

图 5.3.6-2　风管参数设置界面

图 5.3.6-3　风管规格界面

单击 按钮可进行设计计算，单击 按钮可进行校核计算。

设计计算是根据风管的风量及设计计算参数选择合适的风管尺寸，并且根据"风管设置”中的优化参数对系统管段进行优化处理。对已经进行过校核计算的系统再进行设计计算，修改的管径尺寸将丢失。

校核计算仅仅根据管段尺寸、风量计算管段风速等其他数据。校核计算时如果用户改变了管段尺寸，修改信息不会丢失。

单击按钮，即可自动生成鸿业风系统水力计算书，如图 5.3.6-4 所示。单击按钮，可将结果赋回图面。

鸿业风系统水力计算书

一、计算依据

假定流速法：假定流速法是以风道内空气流速作为控制指标，计算出风道的断面尺寸和压力损失，再按各分支间的压损差值进行调整，以达到平衡。

二、计算公式

a.管段压力损失 = 沿程阻力损失 + 局部阻力损失 即：ΔP = ΔPm + ΔPj。

b.沿程阻力损失 ΔPm = Δpm×L。

c.局部阻力损失 ΔPj =0.5×ζ×ρ×V^2。

d.摩擦阻力系数采用柯列勃洛克-怀特公式计算。

三、计算结果

1、HF 2(假定流速法)

a.HF 2水力计算表

HF 2

编号	Revit序号	截面类型	风量(m^3/h)	宽/直径(mm)	高(mm)	风速(m/s)	长(m)	比摩阻(Pa/m)	沿程阻力(Pa)	局阻系数	局部阻力(Pa)	总阻力(Pa)
1.00	RS_632	矩形	8700.00	800.00	500.00	6.04	1.22	0.60	0.74	0.00	0.00	0.74
2.00	RS_633	矩形	7500.00	800.00	400.00	6.51	2.65	0.83	2.19	0.08	2.03	4.22
3.00	RS_621	矩形	6300.00	630.00	500.00	5.56	3.11	0.58	1.81	0.09	1.66	3.47
4.00	RS_609	矩形	5100.00	500.00	500.00	5.67	2.45	0.69	1.69	0.04	0.77	2.46
5.00	RS_597	矩形	3900.00	500.00	400.00	5.42	3.73	0.73	2.73	0.05	0.88	3.61
6.00	RS_585	矩形	2700.00	500.00	250.00	6.00	2.82	1.26	3.56	0.12	2.59	6.14
7.00	RS_573	矩形	1500.00	320.00	200.00	6.51	3.11	2.14	6.65	0.08	2.03	8.68
8.00	RS_567	矩形	900.00	250.00	160.00	6.25	2.23	2.64	5.89	0.04	0.94	6.82
9.00	RS_561	矩形	600.00	250.00	120.00	5.56	0.24	2.66	0.65	0.07	1.29	1.94
10.00	RS_555	矩形	300.00	120.00	120.00	5.79	2.10	4.19	8.80	0.05	1.00	9.80

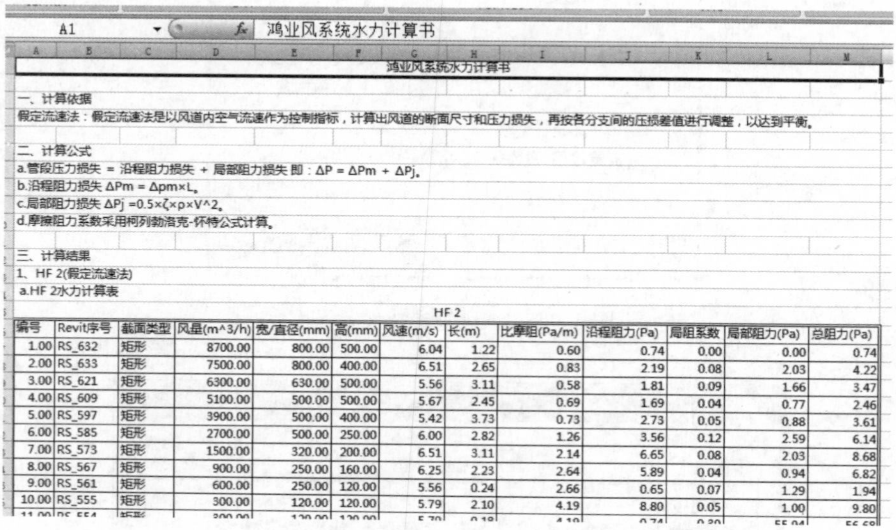

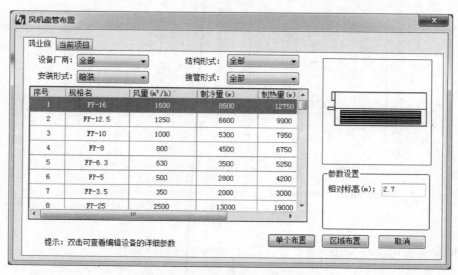

图 5.3.6-4 风系统水力计算书

5.3.7 布置风机盘管

点击功能区“水系统”→“布置风盘”命令，打开“风机盘管布置”对话框，如图 5.3.7-1 所示。在对话框中选择风盘型号、设置标高，可使用“单个布置”或者“区域布

图 5.3.7-1 风机盘管布置对话框

置"方式布置风机盘管。可以按照"结构形式"、"安装形式"及"接管形式"功能过滤选择风盘数据型号。

5.3.8 连接设备

点击功能区"水系统"→"连接风盘"命令，出现如图5.3.8-1所示界面，此功能可以通过框选风机盘管和管道完成直接连接。也可以根据用户自定义的路由，软件自动完成管道的绘制和连接，路由连接的界面如图5.3.8-2所示。

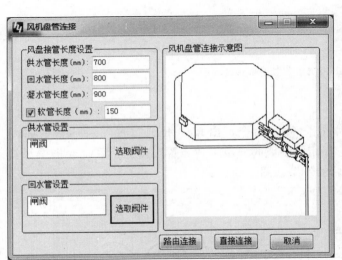

图 5.3.8-1　风机盘管连接界面

图 5.3.8-2　路由连接界面

在图5.3.8-1界面中，可对风机盘管接管长度进行固定值设定，双击"阀门名称"按钮，可删除默认阀门，也可单击"选取阀门"按钮，重新设置阀门类型。

单击"选取阀件"按钮，出现如图5.3.8-3所示界面。

在图5.3.8-3界面中可选中需要的阀件，通过"添加"和"移出"功能按钮进行添加或删除，也可以通过双击某阀件图标的方式，来进行添加或者删除。

可通过"添加"命令，将现有的阀件组合添加到常用组合阀件中，慢点击两次可对常用阀件组合进行重命名。

可通过"删除"命令，将常用组合阀件对象进行删除。

可通过"载入"命令或快速双击，将所选择的常用组合阀件对象载入到当前的组合阀件中。

单击"确定"按钮，完成接管的阀件设置，返回风机盘管连接界面。

单击"确定"按钮，软件自动完成连接。

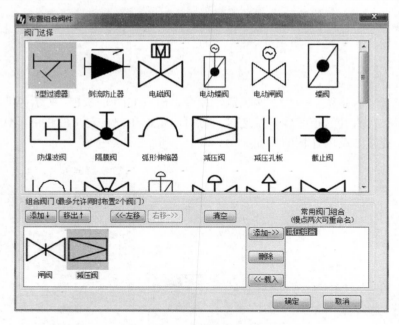

图 5.3.8-3　布置组合阀件界面

5.3.9　水管阀件

点击功能区"水系统"→"水管阀件"命令，出现"水阀布置"对话框，如图 5.3.9-1 所示。在水阀图示列表中选择相应的风阀，单击"布置"按钮，系统会根据水管尺寸自动进行水阀尺寸调整。布置后的效果如图 5.3.9-2 所示。

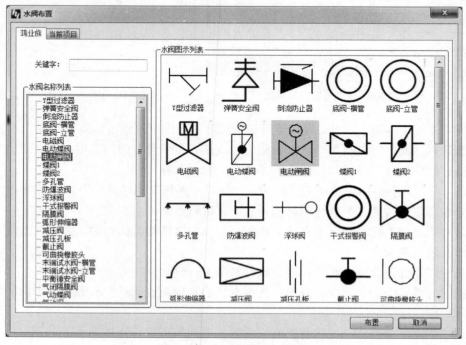

图 5.3.9-1　水阀布置对话框

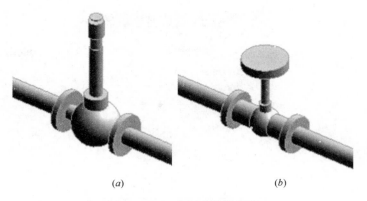

(a)   (b)

图 5.3.9-2　水阀连接效果图

5.3.10　水管水力计算

点击功能区"水系统"→"水力计算"命令，状态栏提示"请选择要计算分支的第一段管远端"，此时单击"第一段管道起始端"按钮，弹出"水管水力计算"界面，如图5.3.10-1所示。

鸿业空调水管水力计算								
设置(T)　编辑(E)　计算(C)　查看(V)　帮助(H)								

编号	Revit序号	流量(m³/h)	公称直径	内径(mm)	流速(m/s)	长(m)	比摩阻(Pa/m)
1/	RS_1580	20.64	0	32	6.045	2.19	0
2	RS_1585	19.608	0	32	5.743	2.864	0
3	RS_1586	18.576	0	32	5.441	0.224	0
4	RS_1590	12.384	0	32	3.627	5.684	0
5	RS_1596	11.352	0	32	3.325	3.812	0
6	RS_1552	6.192	0	32	1.814	0.949	0
7	RS_1551	5.16	0	32	1.511	1.903	0
8	RS_1547	4.128	0	32	1.209	1.844	0
9	RS_1546	3.096	0	32	0.907	2.064	0
10	RS_1536	2.064	0	32	0.605	1.605	0
11	RS_1537	1.032	0	32	0.302	1.882	0
12	RS_1520	1.032	0	20	0.89	0.093	0
13	RS_1519	1.032	0	20	0.89	1.592	0
14	RS_1518	1.032	0	20	0.89	0.881	0

水管1
水管2
水管3
水管4
水管5
水管6
水管7
水管8

水管24

● 读取数据成功！

图 5.3.10-1　水管水力计算界面

单击"设置"按钮，可进行"参数设置"和"水管规格"设置，如图5.3.10-2、图5.3.10-3所示。

在图5.3.10-3的"水管规格"界面，单击 按钮可添加规格，单击 按钮可删除规格。

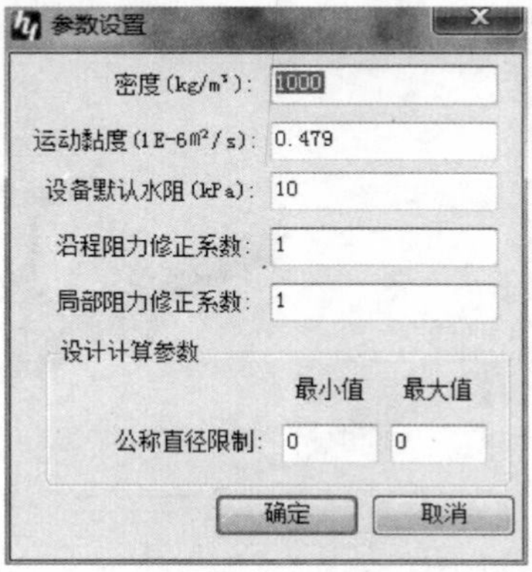

图 5.3.10-2　参数设置界面

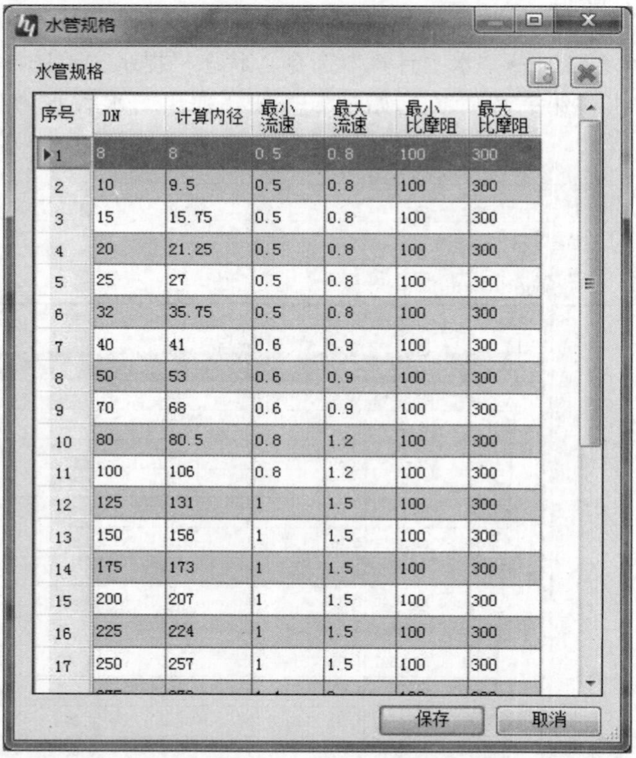

图 5.3.10-3　水管规格界面

在图 5.3.10-1 界面，单击 按钮可进行设计计算，单击 按钮可进行校核计算。

设计计算，是根据水管流量，设计计算参数等设置，选择合适的水管尺寸。对已经进行过校核计算的系统再进行设计计算，修改的管径尺寸将丢失。

校核计算仅仅根据管段尺寸、流量计算管段流速等其他数据。校核计算时如果用户改变了管段尺寸，修改信息不会丢失。

单击 按钮，即可自动生成如图 5.3.10-4 所示的鸿业水系统水力计算书。单击按钮可将结果赋回图面。

编号	Revit序号	流量(m^3/h)	公称直径	内径(mm)	流速(m/s)	长(m)	比摩阻(Pa/m)	沿程阻力(Pa)	局阻系数	局部阻力(Pa)	总阻力(Pa)

鸿业水系统水力计算书

一、计算依据

本计算方法理论依据是陆耀庆编著的《供暖通风设计手册》和电子工业部第十设计研究院主编的《空气调节设计手册》。

二、计算公式

a.管段压力损失 = 沿程阻力损失 + 局部阻力损失 即：$\Delta P = \Delta Pm + \Delta Pj$。

b.沿程阻力损失 $\Delta Pm = \Delta pm \times L$。

c.局部阻力损失 $\Delta Pj = 0.5 \times \zeta \times \rho \times V^2$。

d.摩擦阻力系数采用柯列勃洛克-怀特公式计算。

三、计算结果

1、AC 2

a.AC 2水力计算表

AC 2

编号	Revit序号	流量(m^3/h)	公称直径	内径(mm)	流速(m/s)	长(m)	比摩阻(Pa/m)	沿程阻力(Pa)	局阻系数	局部阻力(Pa)	总阻力(Pa)
1	RS_1580	20.64	70	68	1.58	2.19	266.49	583.66	0.00	0.00	583.66
2	RS_1585	19.61	70	68	1.50	2.86	243.61	697.70	0.15	168.70	866.40
3	RS_1586	18.58	70	68	1.42	0.22	221.62	49.69	0.15	151.41	201.10
4	RS_1590	12.38	70	68	0.95	5.68	109.00	619.55	0.15	68.39	687.95
5	RS_1596	11.35	50	53	1.43	3.81	305.79	1165.54	0.15	153.22	1318.76
6	RS_1552	6.19	50	53	0.78	0.95	105.86	100.50	0.19	57.21	157.72
7	RS_1551	5.16	40	41	1.09	1.90	260.48	495.74	0.15	88.40	584.14
8	RS_1547	4.13	40	41	0.87	1.84	176.27	325.12	0.15	56.57	381.69
9	RS_1546	3.10	32	35.75	0.86	2.06	204.27	421.51	0.15	55.05	476.56
10	RS_1536	2.06	32	35.75	0.57	1.60	100.47	161.23	0.15	24.87	186.10

图 5.3.10-4　水系统水力计算书

5.4　电气专业

5.4.1　照度计算

点击功能区"强电"→"自动布灯"命令，打开"自动布灯"对话框，如图5.4.1-1所示。

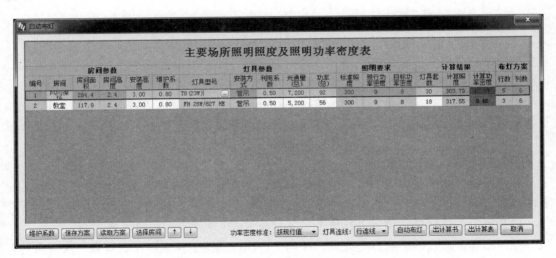

图 5.4.1-1　自动布灯对话框

　　在此对话框中，可以选择需要进行照度计算的房间，选择灯具的型号和标准照度，软件会自动计算实际照度和功率密度，并且根据用户选择，自动生成表格形式或者 word 文档形式的照度计算书。

　　对于灯具数据库的查看和扩充，可以在"照度计算"命令界面，点击"灯具数据库"菜单按钮，选择"光源库"选项卡，可以按照不同的显示方式（光源类型和生产厂商），对光源信息进行修改、删除等操作；单击"保存"按钮，更新到外部数据文件中，如图 5.4.1-2 所示。

图 5.4.1-2　照度计算数据库灯具库界面

　　灯具：通过选择"灯具类型"、"灯具名称"、"灯具型号"功能，确定所要使用的灯具。"灯具类型"、"灯具名称"和"灯具型号"下拉列表中的数据是从族库中读取的。"灯具类型"、"灯具名称"和"灯具型号"数据确定后，除"维护系数"外，灯具和光源的其他数据也就自动确定了，都是从选取的族中读取到的。

　　单击"灯具数据库"菜单按钮，选择"灯具库"选项卡，可以按照不同的灯具类型，对灯具进行修改操作；单击"保存"按钮，更新到外部数据文件中，如图 5.4.1-3 所示。

5.4.2　灯具布置

　　鸿业乐建软件内置了用户常用的灯具类型，并且灯具图例符合国家出图规范的要求。点击功能区"强电"→"灯具"命令，打开"灯具"对话框，如图 5.4.2-1 所示。

　　任意布置：选择任意位置进行单个布置，与 Revit 软件布置照明设备功能一致。

　　拉线布置：选择线的起点与终点，在两个点构成的线上按间距布置灯具。这种布置方式适用于在走廊等长条状的空间进行灯具设备的布置，布置界面如图 5.4.2-2 所示。

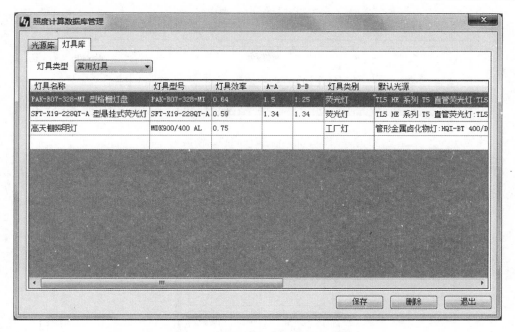

图 5.4.1-3 照度计算数据库光源库界面

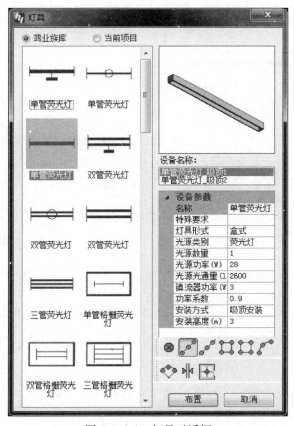

图 5.4.2-1 灯具对话框

图 5.4.2-2 拉线布置界面

拉线布置绘制结果如图 5.4.2-3 所示。

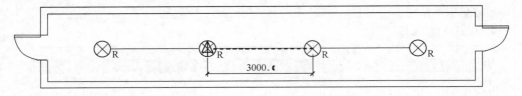

图 5.4.2-3　拉线布置绘制图

拉线均布：与拉线布置相似，选择线的起点与终点，在两个点构成的线上按数量均匀布置灯具。布置界面如图 5.4.2-4 所示。

图 5.4.2-4　拉线均布界面

布置效果如图 5.4.2-5 所示：

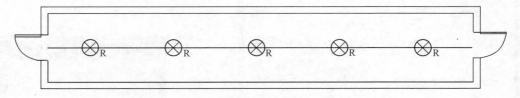

图 5.4.2-5　拉线均布效果图

【提示】由于布置时设定边距比为 0.5，所以灯具首尾距离拉线端各会余留灯具间距的 1/2 距离。

矩形布置与矩形均布：选择两对角点确定一个矩形区域，在此矩形区域内按设定的行列间距或数量等参数进行灯具设备的布置。布置界面如图 5.4.2-6、图 5.4.2-7 所示。

矩形布置实例如图 5.4.2-8 所示。

矩形均布实例如图 5.4.2-9（2 行 4 列，边距比 0.5）所示。

除了上述几种布置方式外，鸿业 BIMSpace2018 软件中电气模块的灯具布置中还提供"弧线均布"与"扇形均布"的布置方式，如图 5.4.2-10、图 5.4.2-11 所示。

"弧线均布"与"扇形均布"的布置效果如图 5.4.2-12、图 5.4.2-13 所示。

图 5.4.2-6　矩形布置界面　　　　图 5.4.2-7　矩形均布界面

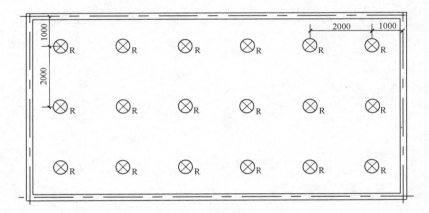

图 5.4.2-8　矩形布置实例

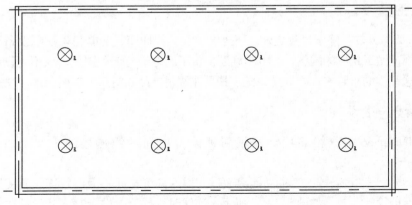

图 5.4.2-9　矩形均布实例

图 5.4.2-10　弧线均布界面

图 5.4.2-11　扇形布置界面

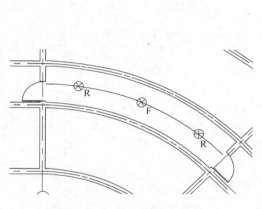

图 5.4.2-12　弧线均布效果

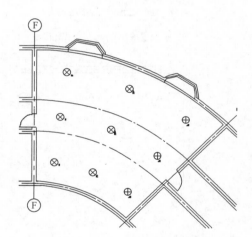

图 5.4.2-13　扇形均布效果

5.4.3　其他设备布置

鸿业 BIMSpace 软件除了灯具之外，还提供了开关、插座、配电箱等强电设备族，所有族都根据国家规范做了相应的图例，配电箱族还提供了新老规范两种图例，供不同设计习惯的设计师选用。这些族的布置方式同灯具一样。其具体调用界面如图 5.4.3-1～图 5.4.3-4 所示。

5.4.4　导线连接设备

鸿业 BIMSpace 电气模块中，提供两种设备之间导线连接的方式，如图 5.4.4-1 所示。

"点点连线"与"设备连线"的功能界面是一样的，可在此界面设置连线所使用的导线样式、类型及保护管等参数，如图 5.4.4-2 所示。连线时，导线参数会写入到导线中，以便出图标注。保护管的参数在通过导线生成线管（"线生线管"命令）时，会使用到该参数。

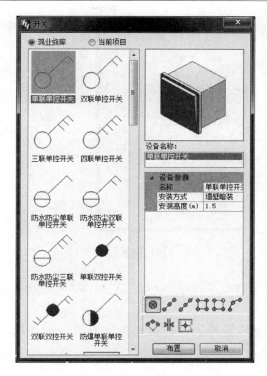

图 5.4.3-1 开关界面

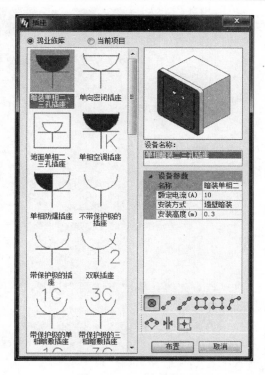

图 5.4.3-2 插座界面

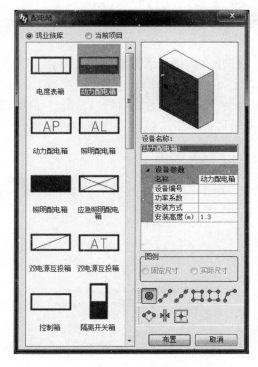

图 5.4.3-3 配电箱界面

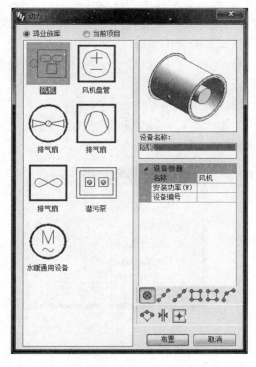

图 5.4.3-4 动力设备界面

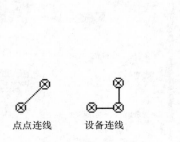

图 5.4.4-1　导线连接方式　　　　图 5.4.4-2　设备连线界面

（1）点点连线：依次点选两个设备，软件会自动进行导线连接，可循环选择设备进行连续的导线连接。

（2）设备连线：框选多个设备，软件自行分析位置，自动进行所有设备间的导线连接。

5.4.5　箱柜出线

"箱柜出线"功能为导线连接的一个辅助功能，主要是为了解决使用"点点连线"与"设备连线"连接配电箱时，导线分布不均或因为使用了自行制作载入的配电箱族而出现的连接位置不对的情况。

点击功能区"强电"→"箱柜出线"命令，打开"箱柜出线"对话框，如图 5.4.5-1 所示。

设定出线长度、数量，可选择指定出线间距或者平均分配出线间距，点击"导线"按钮可对出线进行导线类型等信息的设定，设定完毕后，单击"确定"按钮即可完成。"箱柜出线"效果如图 5.4.5-2 所示。

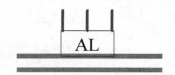

图 5.4.5-1　箱柜出线对话框　　　　图 5.4.5-2　箱柜出线效果

【提示】箱柜出线命令仅能在粗略或中等模式的视图下使用。选择配电箱时，需点选需要出线的一侧。

5.4.6 导线调整

在配电箱出线后，可使用导线连接到配电箱出线的导线端。此时会遇到"导线连接困难"及"导线正交困难"的问题。此部分两个命令就是为了解决这两个问题的，如图5.4.6-1所示。

（1）导线连接

点击功能区"强电"→"导线连接"命令，先选择基准导线，再选择第二根导线即可。功能示意图如图5.4.6-2所示。

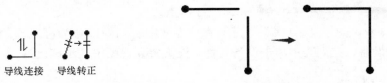

图 5.4.6-1　导线连接与转正　　　　图 5.4.6-2　导线连接功能示意

（2）导线转正

在连接好导线后，此时部分导线由于绘制或连接点的问题，会出现未能正交的情况。可使用"导线转正"命令来进行调整。

点击功能区"强电"→"导线转正"命令，选择需要转正的导线，软件会按照所选自动调整到正交，如图5.4.6-3所示。

【提示】该命令旨在调整导线到正交，而不是将一根斜连接的导线转化为两根正交的导线。

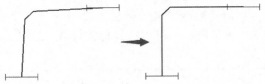

图 5.4.6-3　导线自动调正转正

本节所述命令，在实际工程中的使用是穿插进行的，软件使用者可以灵活选择各命令的使用情况。导线连接后实例图，如图5.4.6-4所示。

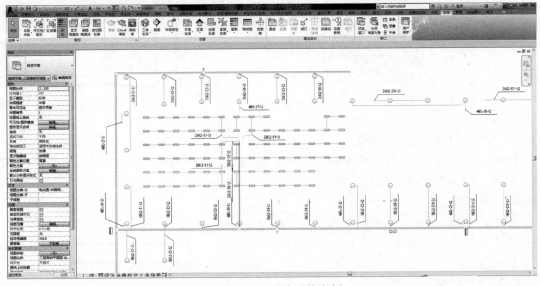

图 5.4.6-4　导线连接实例

5.4.7　配电检测

该功能旨在检查整个项目或视图中设备的配电情况，把没有连接导线的设备显示到列表中，双击设备选项可以预览该设备。

图 5.4.7-1　配电检测对话框

点击功能区"规范 \ 模型检查"→"配电检测"命令，打开"配电检测"对话框，如图 5.4.7-1 所示。

可通过"当前视图"或"项目"两种方式来控制配电检测范围，单击"确定"按钮，弹出界面，如图 5.4.7-2 所示。

在该界面中右侧的设备为配电检测过程中未能检测到连接的设备，在列表中单击设备名称，能直接在视图中显示该设备。

5.4.8　电气标注

本节内容为该项目的电气系统的标注，对于重复性的标注操作此处不再做一一演示介绍，设计人员可根据需要，选择标注功能，依照下述的操作方法，逐一进行标注即可。

（1）灯具标注

点击功能区"电气标注 \ 协同"→"灯具标注"命令，打开"灯具标注"对话框，如图 5.4.8-1 所示。可以选择标注样式、方式，选择要标注的灯具设备，指定标注位置。

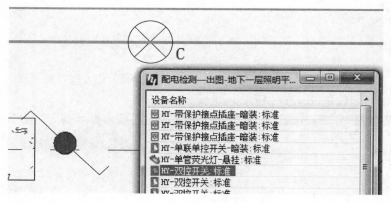

图 5.4.7-2　配电检测范围界面

图 5.4.8-1　灯具标注对话框

标注效果如图 5.4.8-2 所示。

【提示】此处标注的信息提取自所标注的灯具族，若灯具族中信息与实际工程不符，则可考虑自行修改标注内容或修改族信息。

（2）配电箱标注

点击功能区"电气标注 \ 协同"→"配电箱标注"命令，打开"配电箱编号标注"对话框，如图 5.4.8-3 所示。

（3）导线标注

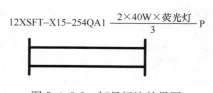

图 5.4.8-2　灯具标注效果图

点击功能区"电气标注\协同"→"导线标注"命令，打开"导线标注"对话框，如图 5.4.8-4、图 5.4.8-5 所示。

图 5.4.8-3　配电箱编号标注对话框

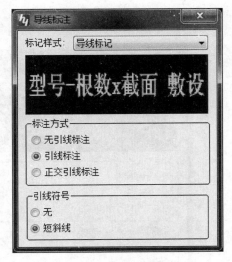

图 5.4.8-4　导线标注对话框

（4）根数标注

点击功能区"电气标注\协同"→"根数标注"命令，打开"导线根数标注"对话框，如图 5.4.8-6 所示。

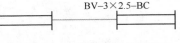

图 5.4.8-5　导线标注效果图

在此功能区，用户可以选择标注样式，是用斜线加数字还是斜线标注，然后，依次选择导线，自动进行标注。可随时更改界面中"导线根数"后，对后续的导线进行更改后的根数标注。标注效果如图 5.4.8-7（2 根与 4 根实例）所示。

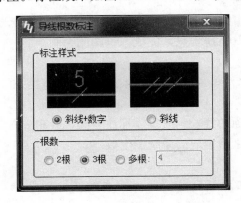

图 5.4.8-6　导线根数标注对话框

图 5.4.8-7　导线根数标注效果图

（5）桥架电缆标注

点击功能区"电气标注\协同"→"桥架标注"命令，打开"桥架电缆标注"对话框，如图 5.4.8-8 所示。在界面中选择"标注方式"，在图面选择需要标注的桥架，再选择标注点，即可完成标注。

（6）引线符号

点击功能区"电气标注 \ 协同"→"引线符号"命令，打开"引线符号"对话框，如图 5.4.8-9 所示。

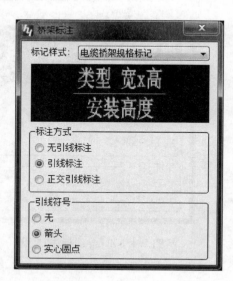

图 5.4.8-8　桥架标注界面　　　　图 5.4.8-9　引线符号界面

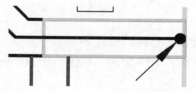

图 5.4.8-10　引线符号效果图

在界面中选择需要加入的引线箭头符号，在图面选择插入点即可，如图 5.4.8-10 所示。

5.4.9　电气系统图

鸿业软件提供了自动生成电气系统图的功能，首先使用"系统图设置"功能对生成的系统图样式进行设置，再使用"出系统图"命令输入电气系统信息，完成系统图的绘制。

（1）系统图设置

点击功能区"强电"→"系统图设置"命令，打开"电气系统图设置"对话框，如图 5.4.9-1 所示。

可进行如下设置：进线、母线、回路等项的线长、线宽、标注字高，绘制方向。

设置完毕，单击"确定"按钮，即可对之后生成的系统图生效。

（2）出系统图

点击功能区"强电"→"出系统图"命令，打开"配电箱系统图"对话框，如图 5.4.9-2 所示。

首先，选择需要生成系统的配电箱，软件会自动提取与修改配电箱连接的回路信息。如果需要添加其他回路，可在界面中设置系统图的导线及回路参数，单击 按钮，新建回路，如图 5.4.9-3 所示。

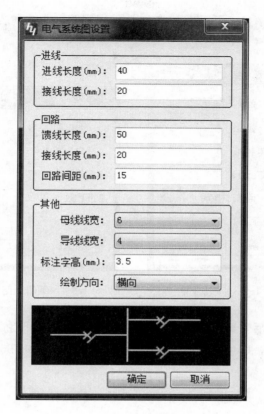

图 5.4.9-1　电气系统图设置对话框

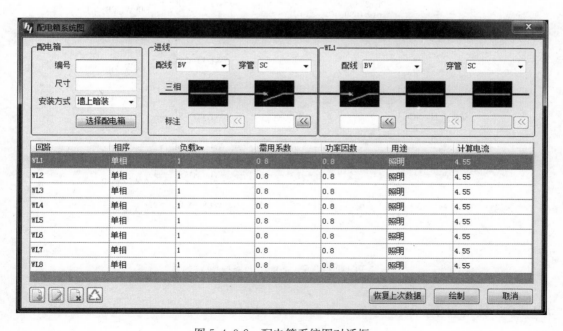

回路	相序	负载kw	需用系数	功率因数	用途	计算电流
WL1	单相	1	0.8	0.8	照明	4.55
WL2	单相	1	0.8	0.8	照明	4.55
WL3	单相	1	0.8	0.8	照明	4.55
WL4	单相	1	0.8	0.8	照明	4.55
WL5	单相	1	0.8	0.8	照明	4.55
WL6	单相	1	0.8	0.8	照明	4.55
WL7	单相	1	0.8	0.8	照明	4.55
WL8	单相	1	0.8	0.8	照明	4.55

图 5.4.9-2　配电箱系统图对话框

如果需要修改回路信息，可以通过单击编辑回路（与在列表中编辑效果相同），如图 5.4.9-4 所示。

图 5.4.9-3　添加回路界面　　　图 5.4.9-4　编辑回路界面

回路信息编辑完毕后，可以点击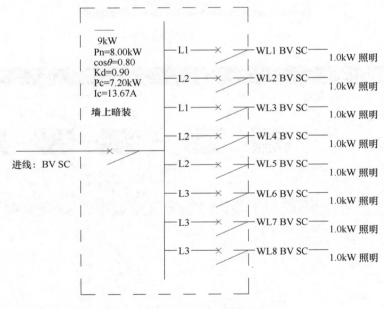按钮，对列表中所有回路自动平衡相序。

点击"绘制"按钮，即可将现有系统图绘制到图面上，如图 5.4.9-5（实例中某配电箱的系统图）所示。

图 5.4.9-5　某配电箱系统图

5.4.10　负荷计算

负荷计算功能适用于计算变压器二次侧负荷或整个厂区负荷，以及配电箱负荷等。

点击功能区"强电"→"负荷计算"命令，打开"负荷计算"对话框，如图 5.4.10-1

所示。

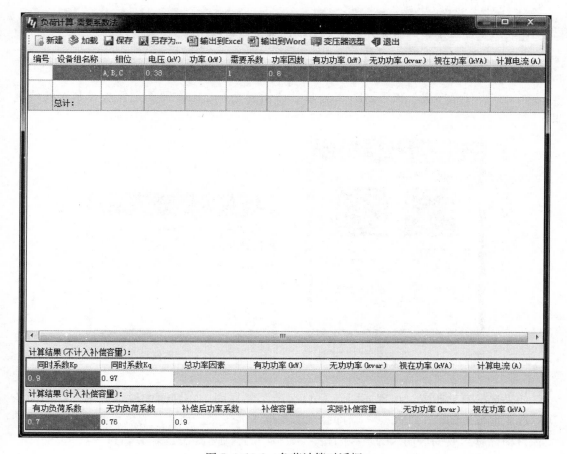

图 5.4.10-1　负荷计算对话框

计算步骤描述：

（1）新建负荷计算数据文件，或者加载已经存在的数据文件。

（2）输入编号、设备组名称、功率，需要系数和功率因数或从项目中提取数据。

（3）界面上黄色背景的数据项是不可编辑的，会自动计算出来，包括有功、无功、视在功率、电流。

变压器选型：

（1）变压器选型是从鸿业族库中的变压器进行选型，通过用户指定要选择的变压器名称和台数，自动选择出合理的变压器规格。

（2）变压器容量＝（计入补偿容量后的视在功率/负荷率）/台数。

（3）通过对计算出的变压器容量值和族库中变压器族的额定容量值进行比较，会自动选择大于变压器容量计算值的变压器规格，当超出实际变压器最大值时则取变压器容量计算值，此时最好通过调整变压器台数进行重新选型。

5.4.11 温感烟感布置

在弱电设计模块，鸿业软件提供了温感烟感快速布置功能。

点击功能区"弱电"→"温感烟感"命令，其布置界面如图 5.4.11-1 所示。

在该界面可选择需要布置的探测器类型及布置方式。

如果选择任意布置，出现如图 5.4.11-2 所示界面，之后在图面选择需要布置的位置即可。

图 5.4.11-1 消防探测器布置界面   图 5.4.11-2 探测器任意布置界面

如果选择自动布置，出现如图 5.4.11-3 所示的界面。在界面中设定完毕，在图面依次点选矩形范围的两个对角点，软件会自动在范围内按照自动计算的最大间距（根据保护半径自动计算）或手动输入的最大间距，来自动布置探测器，如图 5.4.11-4 所示。

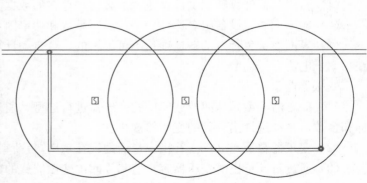

图 5.4.11-3 探测器自动布置界面   图 5.4.11-4 探测器自动布置

对于探测器的保护范围，可通过功能区"规范\模型检查"→"清除范围检查"功能，取消显示。

5.4.12　其他设备布置

对于其他弱电设备的布置，鸿业软件在"弱电"模块也提供了大量的常用族，并且这些族也根据国家规范做了相应的图例，可以满足出图的要求。

具体功能有"探测器"、"消防报警"、"综合布线"、"安防"、"广播"等，已经涵盖了常规设计的大部分弱电专业用族需求。其具体的布置界面如图 5.4.12-1～图 5.4.12-5 所示，布置方式可参考强电模块的灯具布置。

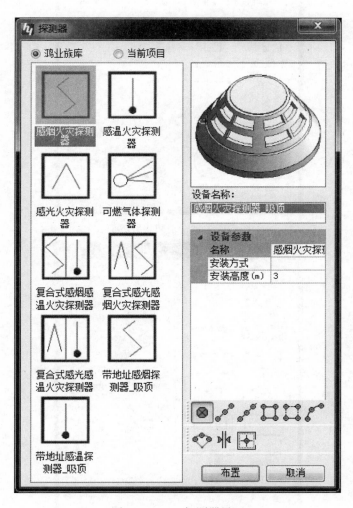

图 5.4.12-1　探测器界面

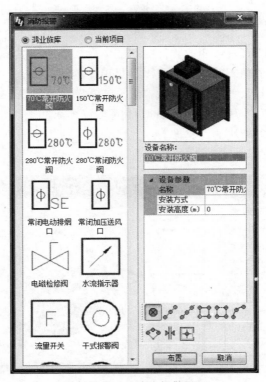

图 5.4.12-2　消防报警界面

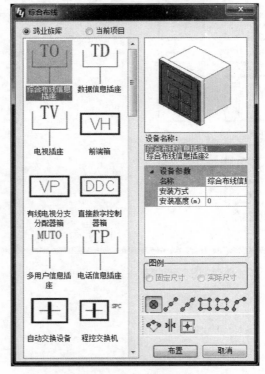

图 5.4.12-3　综合布线界面

图 5.4.12-4　安防界面

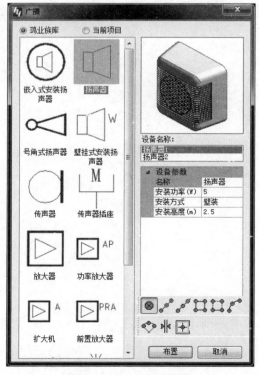

图 5.4.12-5　广播界面

第 6 章 标注出图

本章导读

　　本章主要介绍模型绘制完成之后，进行标注和出图的相关内容。涵盖了尺寸标注、符号标注、套图框等操作步骤。让学员对最终图纸的交付成果有一个直观的认识。

本章学习目标

　　(1) 尺寸标注。

　　(2) 符号标注。

　　(3) 出图标注。

6.1 尺寸标注

点击功能区"详图\标注"→"尺寸标注"命令，出现如图 6.1-1 所示界面，多样化标注功能命令可快速完成本项目实例建筑专业尺寸标注。

图 6.1-1 多功能标注命令

标注完成之后可以通过点击"编辑标注"→"位置取齐"和"编辑标注"→"线长取齐"功能命令，来调整尺寸标注的外观显示，其具体命令位置如图 6.1-2 所示。

图 6.1-2 命令位置

【提示】在使用"尺寸标注"→"位置取齐"功能时，首先要框选需要对齐的尺寸标注，然后点选基准尺寸标注，操作顺序要准确才能得到满足要求的尺寸标注样式。这样就可以对所处同一平面的待调整尺寸进行一次性集中操作，待操作完全结束之后按 Esc 键退出操作命令即可。在进入命令执行状态时，在软件视图窗口左下方命令状态栏会有对应的操作提示，按照提示操作即可。通过"尺寸标注"功能面板下的各项线性标注功能，最后完成的首层尺寸标注图如图 6.1-3 所示。

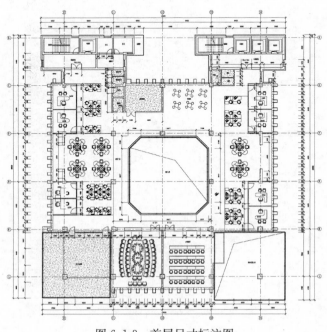

图 6.1-3 首层尺寸标注图

6.2 符号标注

点击功能区"详图 \ 标注"→"符号标注"命令，出现如图 6.2-1 所示的多个符号注释功能，可以完成标高标注、层间距标注、坡度标注、索引标注、做法标注、图名标注等标注内容的创建。

图 6.2-1　符号注释功能

限于篇幅，本书仅以坡度标注，引线标注和做法标注作为例子进行讲解。其他命令，学员可以通过软件附带的帮助文档来进行学习。

6.2.1 坡度标注

坡度标注通过点击功能区"符号标注"→"坡度标注"命令，打开"坡道标注"对话框，如图 6.2.1-1 所示，设定坡度值和旋转角度，选择箭头类型和字体类型，生成的坡度标注样式会实时的显示在对话框右侧的坡道标注视图预览窗口中，确定无误之后，单击"放置位置"按钮，即可完成坡度的标注。重复执行此项功能，完成其他处坡道的标注。

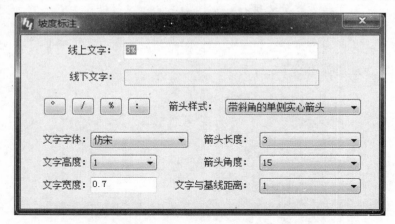

图 6.2.1-1　坡道标注对话框

坡道的标注效果如图 6.2.1-2 所示。

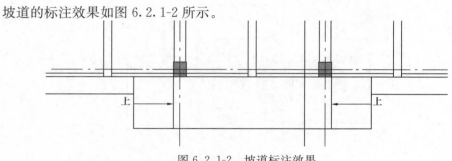

图 6.2.1-2　坡道标注效果

6.2.2 引线标注

对于 CAD 图中的大量文字注释和做法标注，通过点击功能区"出图标注"→"引线注释"和"做法标注"命令，打开"引线标注"对话框，如图 6.2.2-1 所示。引线标注功能可以实现多个标注点的说明性文字标注，在弹出的引线标注对话框中提供了多样化的注释样式设置，可以实现自定义的设定线上和线下标注文字，也可共用引线实现多点共线标准等功能。

散水引线标注图如图 6.2.2-2 所示。

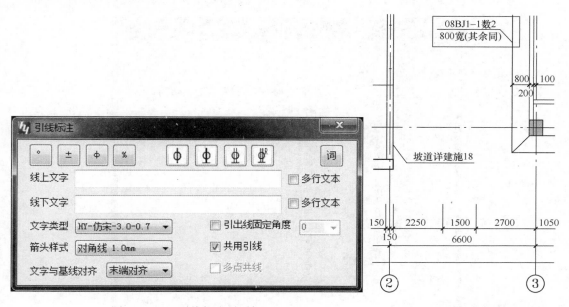

图 6.2.2-1 引线标注对话框   图 6.2.2-2 散水引线标注图

6.2.3 做法标注

打开"做法标注"对话框，如图 6.2.3-1 所示。做法标注可以实现详尽的做法标注，

图 6.2.3-1 做法标注对话框

在弹出的做法标注对话框中提供了文字编辑框和特殊符号面板区、文字样式和文字放置位置选择等功能，完成设定后，在要标注做法的位置处选择引出线的起点和终点，并选择注释文字的水平和竖直方向，按 Esc 键，这样就可以完成做法的标注。

【提示】引线标注和做法标注在输入注释文字时都可以调用"专业词库"功能，实现注释文字的快速输入；用"引线标注或做法标注"最后得到的是一个个的详图组，要对完成的标注进行编辑，可以直接在项目中对详图组进行调整和修改即可。单击"引线标注"或"做法标注"对话框中的"词"按钮，会弹出"专业文字"对话框，如图 6.2.3-2 所示，在对话框中选择所需要的专业文字即可完成专业词库的调用。

图 6.2.3-2　专业文字对话框

6.3　出图打印

对于出图打印的功能，鸿业乐建的命令主要集中在"出图 \ 打印"选项卡，不过也有图名标注这些功能，已放置到第 6.2 节讲到的"符号标注"中。

点击功能区"出图 \ 打印"命令，在该选项卡中，鸿业提供了多样化的出图标注功能，可快速完成出图打印工作，具体命令界面如图 6.3-1 所示。

图 6.3-1　出图标注功能界面

6.3.1 插入图框

点击功能区"布图打印"→"插入图框"命令，可以选择需要的图框插入到图纸视图平面里。在插入图纸前，需要将视图切换到图纸视图平面。图纸平面插入图框后的效果如图 6.3.1-1 所示。

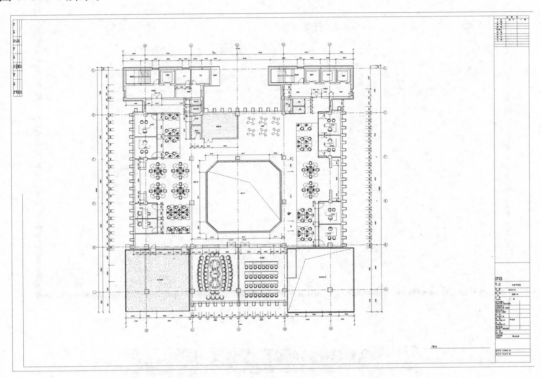

图 6.3.1-1 图纸平面插入图框

6.3.2 设计说明

对于设计说明，鸿业软件提供了"多行文字"功能，帮助设计师在 revit 软件中快速完成设计说明的编写。此功能支持设计师直接从 word 软件中复制原有的设计说明，然后利用鸿业提供的工具完成设计说明的排版和特殊字符的插入。其具体界面如图 6.3.2-1 所示。

6.3.3 图名标注

图名标注功能在"详图\标注"选项卡下面。点击功能区"详图\标注"→"图名标注"命令，打开"图名标注"对话框，如图 6.3.3-1 所示，分别设置图名和比例的显示样式，以及是否显示视图比例，设置完成之后单击"确定"按钮，即可完成图名的标注。

图 6.3.2-1 文字工具界面

图 6.3.3-1 图名标注对话框

6.3.4 布图

布图命令可以帮助设计师在同一个界面里完成图纸和视图的对应。

点击功能区"布图打印"→"布图"命令,打开"布图"对话框,如图 6.3.4-1 所示,选择需要出图的视图,单击"添加"按钮,将视图添加到对应图纸里。如果图纸目录里不存在需要的图纸分组,可以通过添加图纸按钮在图纸目录中新建图纸,在弹出的"新建图纸"对话框中（见图 6.3.4-2）可以对图纸名称、图纸编号、图框标准和图框宽度增量等进行设定，单击"确定"按钮，即可得到所需要的图纸。

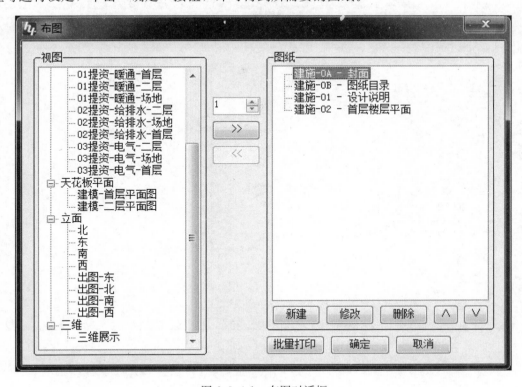

图 6.3.4-1　布图对话框

图 6.3.4-2　新建图纸界面

【提示】在自动成图对话框中，点击图纸目录框下方的"编辑图纸"和"删除图纸"按钮可以对添加到图纸目录中的图纸进行编辑和删除操作。

出图效果如图 6.3.4-3 所示。

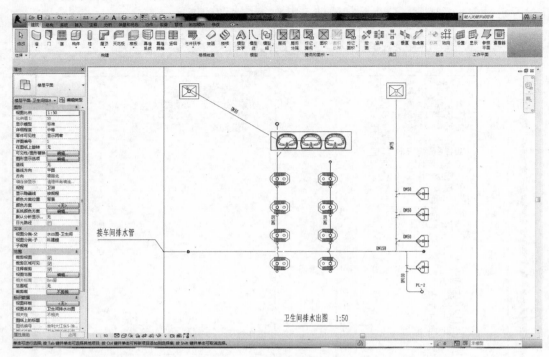

图 6.3.4-3　水系统出图效果

第 7 章　机电深化

本章导读

　　本章主要介绍各专业建立好模型之后，需要进行各专业的干涉检查，根据检查结果，修改模型，同时添加支吊架、开预留洞等工作。经过机电深化的模型，对于现场安装和施工才有指导意义。

本章学习目标

　　(1) 支吊架布置。

　　(2) 管线调整。

　　(3) 预留洞设置。

　　机电模型创建完成以后，鸿业 BIMSpace，提供了机电深化软件，协助设计者进行管线调整、支吊架布置、协同开洞等工作，提高模型的精细程度。

本章二维码

协同开洞

7.1 支吊架布置

鸿业软件支吊架布置，提供了支吊架快速绘制、支吊架编辑、支吊架编号以及支吊架自动统计等功能，其具体的功能界面如图 7.1-1 所示。

图 7.1-1 软件功能界面

7.1.1 选择支吊架类型

打开"支吊架设计"对话框，在设计界面中可以选择支吊架类型，调整支吊架参数，选择适当的布置形式等功能，如图 7.1.1-1 所示。

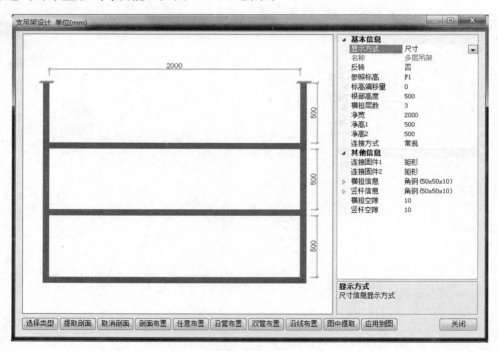

图 7.1.1-1 支吊架设计对话框

打开"设计绘制"对话框，点击"选择类型"按钮，打开"支吊架选择"对话框，如图 7.1.1-2 所示。界面中可以选择"支架"（见图 7.1.1-2）或者"吊架"（见图 7.1.1-3）类型，选择完成后单击"选择"按钮即可。

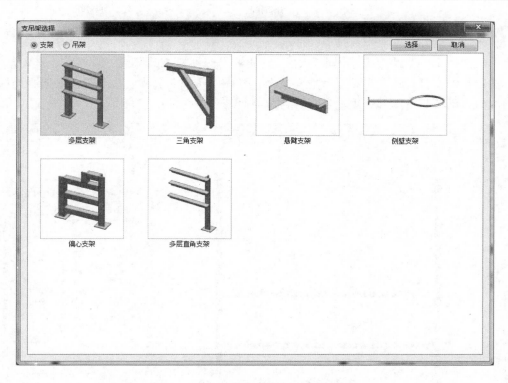

图 7.1.1-2 支吊架对话框（支架界面）

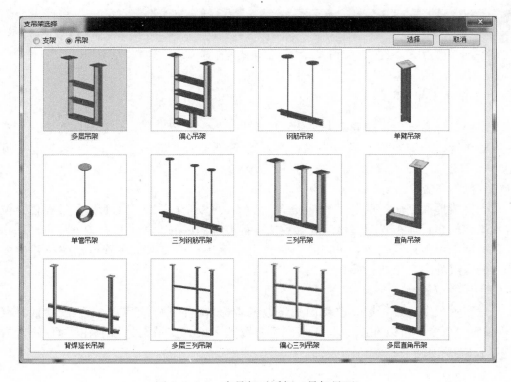

图 7.1.1-3 支吊架对话框（吊架界面）

7.1.2 提取剖面

单击图 7.1.1-1 界面中"提取剖面"按钮，框选所需要提取剖面的管线，单击"完成"按钮，即可打开"支吊架设计"对话框，如图 7.1.2-1 所示，支吊架会依据所提取管线的剖面自动调整宽度和高度，数据还可以自行修改。

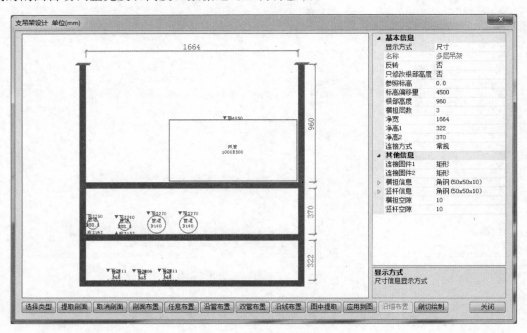

图 7.1.2-1 支吊架设计对话框

7.1.3 布置支吊架

支吊架设计完成后，鸿业机电深化软件提供了多种布置方式，包括剖面布置、任意布置、沿管布置、双管布置、沿线布置，多种布置功能配合使用，可以快速搭建支吊架模型。

（1）剖面布置

首先完成提取剖面，点击"剖面布置"命令，可以在提取剖面的管道上点击任意位置进行支吊架的布置，布置时支吊架的参数依据提取剖面后的参数进行布置（注：剖面布置时，在平面中点击任意位置，可以不在管道上，但是支吊架默认在管道相应位置生成）。布置后的效果如图 7.1.3-1 所示。

（2）任意布置

任意布置可以通过直接修改支吊架参数或者提取剖面后自动调整支吊架参数，点击"任意布置"命令，可以在图面上任意位置布置支吊架，支吊架只生成在图面点击位置，如图 7.1.3-2 所示。

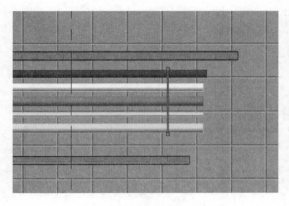

图 7.1.3-1　布置后效果图

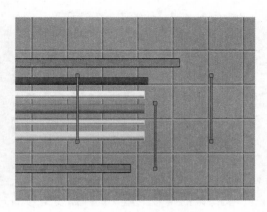

图 7.1.3-2　支吊架生成位置

（3）沿管布置

设置好支吊架参数以后，点击"沿管布置"命令，打开"设计布置间距"对话框，如图 7.1.3-3 所示，在对话框中设置支吊架间距参数，点击需要布置支吊架的管道即可自动生成支吊架，如图 7.1.3-4 所示。

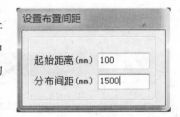

图 7.1.3-3　设置布置间距界面

（4）双管布置

设置好支吊架参数以后，点击"双管布置"命令，打开"设计布置间距"对话框，在对话框中设置支吊架间距参数，点击需要布置支吊架的平行管道两侧的管线即可生成支吊架，如图 7.1.3-5 所示。

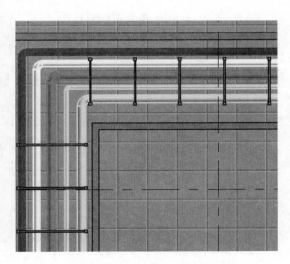

图 7.1.3-4　沿管布置支吊架　　　　图 7.1.3-5　双管布置支吊架

（5）沿线布置

设置好支吊架参数以后，点击"沿线布置"命令，打开"设计布置间距"对话框，在对话框中设置支吊架间距参数，可以依据图面上的任何线条，在线条上点击起点和终点位置，即可自动生成支吊架，如图 7.1.3-6 所示。

图 7.1.3-6 沿线布置的支吊架

7.1.4 支吊架编号

支吊架布置完成后，可以进行支吊架的编号。点击“支吊架编号”命令，单击选择一个支吊架模型，打开“支吊架编号”对话框，如图 7.1.4-1 所示，设置编号、前缀、位置等参数后，可以选择“单选连续编号”或者“多选自动编号”功能进行支吊架的编号工作，选择需要编号的支吊架模型，单击“完成”按钮。编号完成后效果，如图 7.1.4-2 所示。

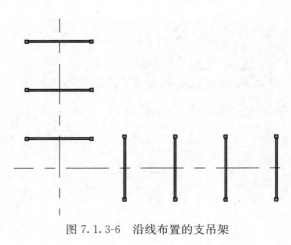

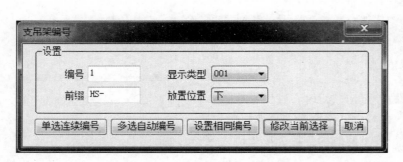

图 7.1.4-1 支吊架编号对话框

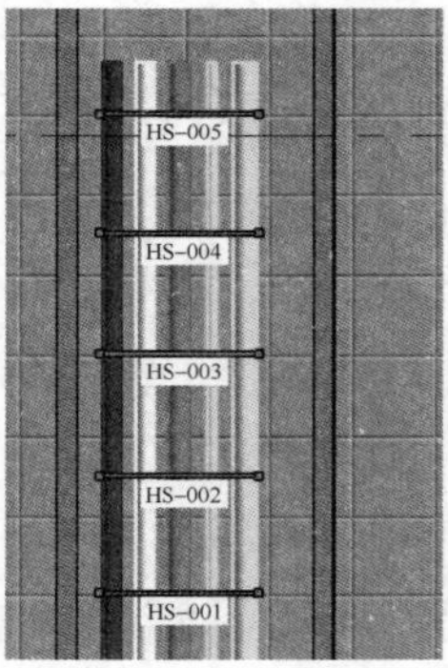

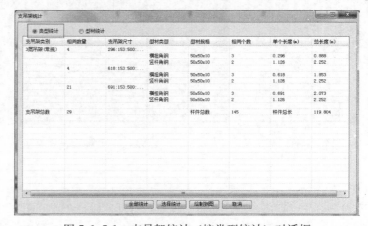

图 7.1.4-2 编号完成效果图

7.1.5 支吊架统计

点击“支吊架统计”命令，鸿业机电深化软件会自动统计图面上的支吊架材料用量（可以选择全部统计和选择统计两种统计方式），支吊架统计还可以选择“按类型统计”（图7.1.5-1）和“按型材统计”（图 7.1.5-2）功能，同时，统计表可以绘制到图面，供出图使用。

支吊架类别	相同数量	支吊架尺寸	型材类型	型材规格	相同个数	单个长度(m)	总长度(m)
3层吊架(常规)	4	296:153:500:...					
			横担角钢	50x50x10	3	0.296	0.888
			竖杆角钢	50x50x10	2	1.126	2.252
	4	618:153:500:...					
			横担角钢	50x50x10	3	0.618	1.853
			竖杆角钢	50x50x10	2	1.126	2.252
	21	691:153:500:...					
			横担角钢	50x50x10	3	0.691	2.073
			竖杆角钢	50x50x10	2	1.126	2.252
支吊架总数	29			杆件总数	145	杆件总长	119.804

图 7.1.5-1 支吊架统计（按类型统计）对话框

图 7.1.5-2　支吊架统计（按型材统计）对话框

7.1.6　支吊架编辑

支吊架编辑功能，鸿业机电深化提供了"删除支吊架"和"格式刷"两个功能。

（1）删除支吊架

对于支吊架编辑，鸿业机电综合提供了删除支吊架功能，可以进行框选，批量删除支吊架。框选时，系统自动过滤出支吊架模型呈蓝色选中状态，无需通过过滤选择支吊架，如图 7.1.6-1 所示。

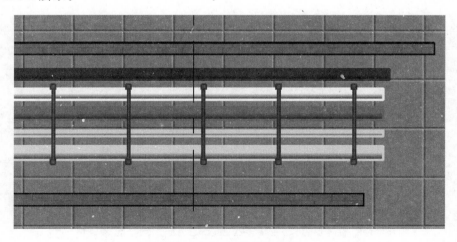

图 7.1.6-1　删除框选状态

（2）格式刷

点击"格式刷"，命令，首先选择一个原始支吊架，其次点选或者框选需要更新信息的支吊架，即可更改目标支吊架的信息，如图 7.1.6-2 所示。

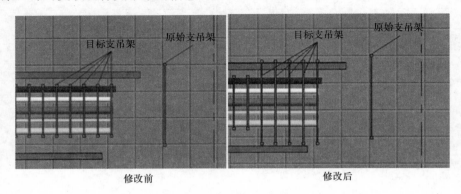

图 7.1.6-2　格式刷修改效果

7.2　管线调整

鸿业机电综合软件提供管线调整功能，可以实现升降偏移和管道的对齐。

7.2.1　升降偏移

管道绘制完成后，常常会出现一些碰撞或者交叉，鸿业 BIMSpace 软件管道自动升降功能能够很好地处理这类问题。

点击"管线调整"→"偏移升降"命令，打开"升降偏移"选项卡，如图 7.2.1-1 所示，可以对升降高度、角度及形式进行设置和选择，设置完成后单击"确定"按钮，依次选择需要调整的管道位置，软件即可自动生成升降效果，升降通常指上下升降，如图 7.2.1-2 所示。同理，可以使用偏移功能对管道进行处理，效果如图 7.2.1-3 所示。

图 7.2.1-1　升降偏移选项卡

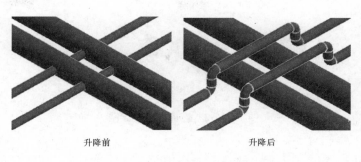

升降前　　　　　　　　　　升降后

图 7.2.1-2　自动升降效果图

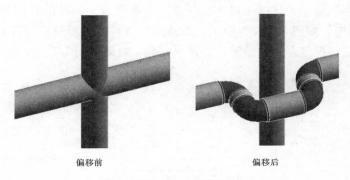

偏移前　　　　　　　　　　偏移后

图 7.2.1-3　自动偏移效果图

7.2.2　管道对齐和排列

（1）对齐

鸿业机电深化提供了管道对齐功能，管道绘制时，管道默认为中心对齐，绘制完成以后如需修改对齐方式，可以通过对齐命令。点击"对齐"命令，打开"水管对齐"对话框，如图 7.2.2-1 所示，可以选择对齐方式，如底部对齐，效果如图 7.2.2-2 所示。

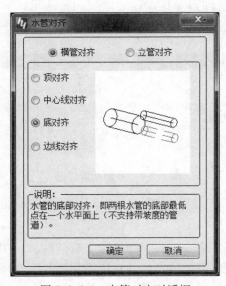

图 7.2.2-1　水管对齐对话框

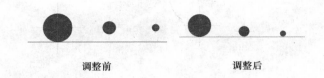

图 7.2.2-2　管道对齐效果图

（2）排列

如果布置管道的时候，管道间距需要调整为以某个数值为准的等分排布，可以用排列功能。点击"排列"命令，选择一根基准管道（基准管道为不做位置调整的管道），打开"间距设置"对话框，如图 7.2.2-3 所示，调整间距（可以选择管中等距或者管体等距），单击"确定"按钮，框选需要调整的管道即可完成。效果如图 7.2.2-4 所示。

图 7.2.2-3　间距设置对话框

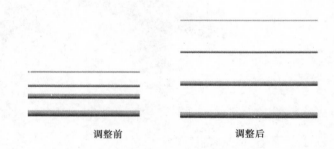

图 7.2.2-4　管道排列效果图

7.3　协同开洞

鸿业机电综合提供了快捷的开洞功能，如图 7.3-1 所示，实现机电专业与建筑专业之间的协同，在管道与墙体交叉的位置快速创建出洞口。

图 7.3-1　开洞功能界面

7.3.1　提资

点击"协同"→"提资"命令，打开"提资"对话框，如图 7.3.1-1 所示，软件会自动提取机电管线与土建模型碰撞的位置，并且提供需要开洞的列表，用户可以在界面上完成洞口的设置、洞口的合并等操作。如果对开洞信息设置完毕，单击"提资"按钮，即可将洞口提资文件提交给土建专业，提资界面如图 7.3.1-2 所示。

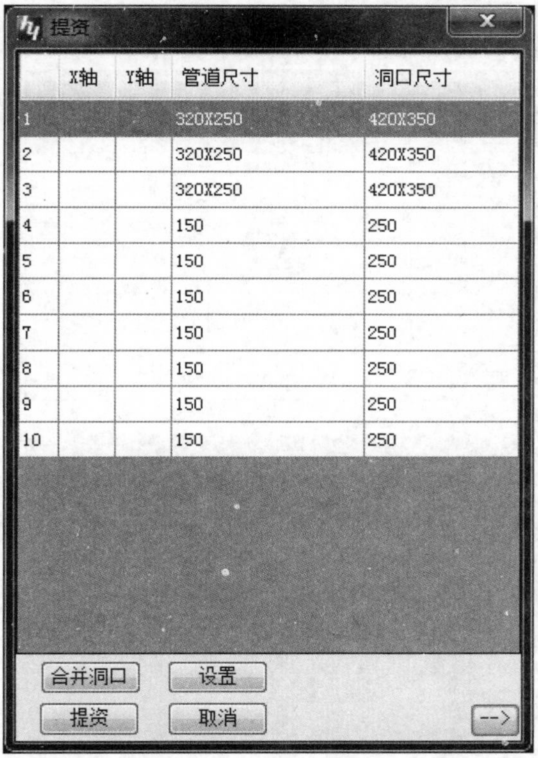

图 7.3.1-1　提资对话框

图 7.3.1-2　提资文件路径界面

7.3.2　协同开洞

　　土建专业工程师在收到机电专业的洞口提资文件时，可以点击"协同开洞"命令，单击" ⋯ "按钮，找到机电专业提交的洞口信息的文件，单击"确定"按钮，土建工程师就可以预览到需要开洞的位置和大小，如图 7.3.2-1 所示。之后，单击"开洞"按钮，提示开洞完成即可。开洞效果如图 7.3.2-2 所示。

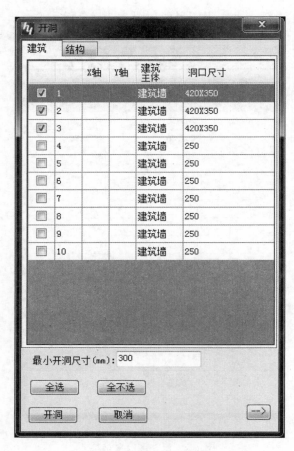

图 7.3.2-1 开洞对话框

图 7.3.2-2 开洞效果图

第 8 章　性能分析

本章导读

　　本章主要介绍如何有效的利用模型信息,进行建筑的性能分析。这样才可以充分利用模型信息,最大化模型的价值。

本章学习目标

　　(1) 负荷计算。

　　(2) 全年负荷及能耗分析。

本章二维码

负荷计算
生成空间

8.1　负荷计算

鸿业 BIMSpace 软件中的负荷计算可以自动识别提取建筑模型信息，自动创建计算空间并进行负荷计算，输出计算报表。可采用谐波反应法和辐射时间序列法（RTS）两种方法进行计算。本节介绍负荷计算的使用方法。

8.1.1　生成房间

请参照第 5.1.9 条房间和面积计算的相关内容。

8.1.2　生成空间

（1）空间类型管理

点击功能区"负荷"→"空间类型管理"命令，如图 8.1.2-1 所示，单击 按钮，可以在列表中选择空间用途类型，文本框内输入要添加的空间用途名称，单击"确定"按钮，添加空间用途名称，操作完成后，单击"确定"按钮，完成空间类型添加，如图 8.1.2-2 所示。

图 8.1.2-1　空间类型管理界面

图 8.1.2-1　添加空间用途名称界面

（2）空间放置

点击功能区中"负荷"→"创建空间"命令，如图 8.1.2-3 所示，将鼠标移动到建筑模型上，将自动捕捉房间边界，点击相应房间布置空间。

空间类型	房间名称关键词
居住建筑-旅馆客房	标准间
办公建筑-办公室	办公室
办公建筑-会议室、接待室	会议室
公共饮食建筑-餐厅、饮食厅、小吃部	餐厅
商业建筑-商业用房	专卖店
居住建筑-一般卧室	主卧室
居住建筑-高级起居室	商务套间
医疗建筑-病房、疗养室	诊断室
广播、电视楼建筑-演播室	直播室
学校-教室、实验室	实验室

图 8.1.2-3　创建空间对话框

单击"添加"按钮，系统自动在界面下方添加一条新的对应关系，同时房间名称关键词处于编辑状态；用户根据需要修改或者添加完成后，点击"保存"→"创建空间"命令，就可以创建当前文档全部空间，如图 8.1.2-4 所示。选中某一空间时，可以在属性栏查看该空间所有信息。

【提示】创建空间的时候，会创建对应的 HVAC 分区，房间与空间类型通过"关键词"进行匹配。

（3）空间设置

空间放置完毕后，需要对各个空间的能量分析参数进行设置，有两种方法可以实现：

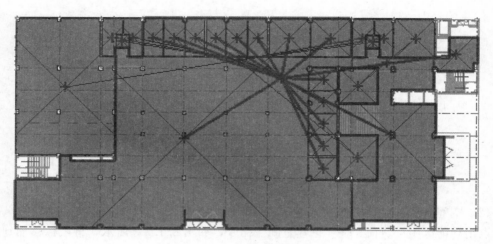

图 8.1.2-4　创建文档空间

① 点击功能区中"负荷"→"空间编辑"命令，在打开的"鸿业负荷—空间编辑"界面中对参数进行重新设置，如图 8.1.2-5 所示。

② 选中需要编辑的空间，在属性栏中对空间参数进行设置，如图 8.1.2-6 所示。

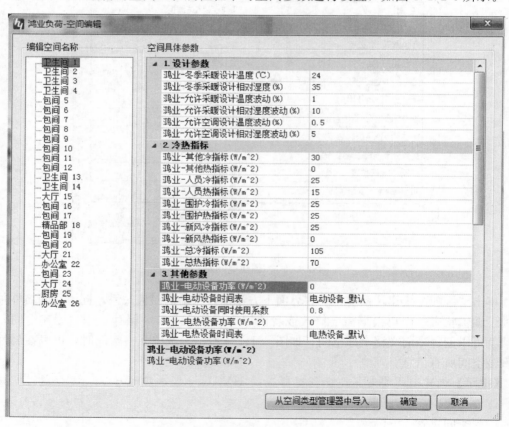

图 8.1.2-5　空间编辑界面

图 8.1.2-6　属性栏

8.1.3　空间分区

点击功能区"负荷"→"分区管理"命令，选中分区，单击 按钮，可将具有相同设计需求的空间逐个添加到分区，或从分区中删除，如图 8.1.3-1 所示。

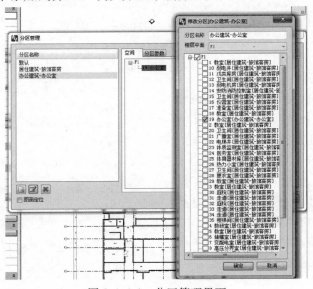

图 8.1.3-1　分区管理界面

8.1.4 负荷计算

使用 BIMSpace 软件对项目进行负荷计算，需要预先安装鸿业负荷计算软件 8.0 及以上版本，本案例通过鸿业暖通负荷计算软件实现负荷计算。

点击功能区"负荷"→"负荷计算"命令，鸿业暖通负荷计算通过读取空间的鸿业数据，计算结果如图 8.1.4-1 所示。

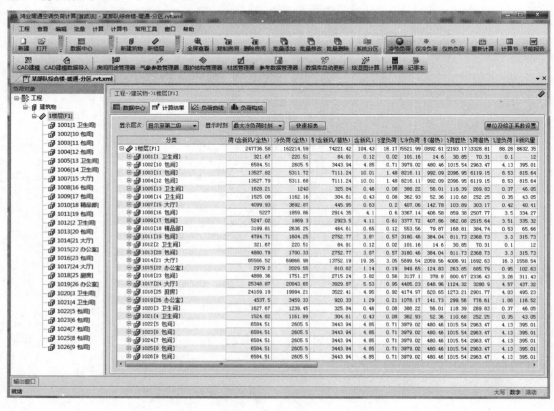

图 8.1.4-1 暖通负荷计算结果

用户可以在"数据中心"对项目信息、房间信息、设计参数进行设置和修改，以满足设计的要求，如图 8.1.4-2、图 8.1.4-3 所示。计算完成后，点击"工程"→"另存为"命令，将 hclx 计算结果文件导出存放到本地硬盘；点击"计算书"按钮，在打开的计算报表对话框中，可以选择计算书的类型和样式，如图 8.1.4-4 所示。

图 8.1.4-2 数据中心界面（项目信息）

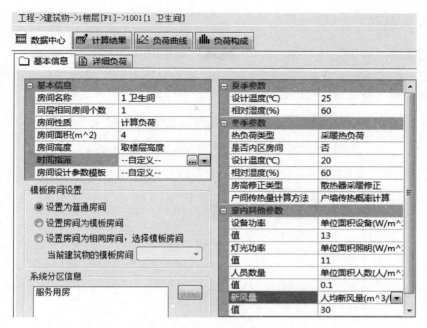

图 8.1.4-3 数据中心界面（房间信息）

图 8.1.4-4 计算结果界面

8.1.5　导入结果

点击功能区"负荷"→"导入结果"命令，如图 8.1.5-1 所示，选择 hclx 计算结果文件，设定标注选项后，单击 空间更新(U) 按钮，将会更新对应空间的所有负荷计算结果数据，可以在空间的属性对话框中进行查看。

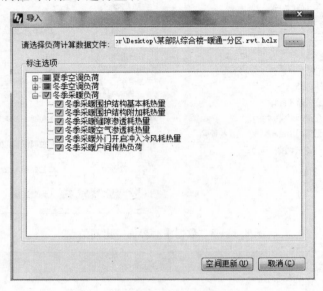

图 8.1.5-1　导入界面

空间更新后，系统将会根据标注选项的选择进行标注或者更新空间负荷计算。用户也可以通过点击"负荷"→"标注结果"命令，更新空间的标注文本，如图 8.1.5-2 所示。

图 8.1.5-2　标注界面

8.2　全年负荷计算及能耗分析

　　鸿业全年负荷计算及能耗分析软件 HY-EP 运行于 AutoCAD 平台，使用 EnergyPlus 对建筑的采暖、制冷、照明、通风以及其他能流进行模拟分析，输出节能分析报告和报审表。建筑数据提取详细准确，计算结果快速可信，并依靠强大的检查机制，能够切实为您带来工作效率的提高。

　　使用鸿业 BIMSpace 软件可以导出 GBXML 空间文件。再通过鸿业全年负荷计算及能耗分析软件 HY-EP，导入 GBXML 空间文件，进行建筑全年负荷计算及能耗分析。

　　此部分的具体操作，限于篇幅限制，不展开叙述，有兴趣的学员，可以到鸿业官网下载试用版软件以及演示视频。

第 9 章　施工阶段 BIM 应用

本章导读

　　在本书的第一版中，用大量篇幅介绍了 iTWO 软件的基础操作。之后，有学员反映，iTWO 软件没有试用版本，学员无法上机操作。根据这种情况，在这一版本中，将 iTWO 软件在施工阶段的应用部分压缩到一个章节中，重点介绍 iTWO 软件的功能与应用点，而不是软件操作。

本章学习目标

　　(1) iTWO 工作流程。

　　(2) iTWO 在施工阶段的应用点。

9.1 施工阶段 BIM 应用概述

工程项目实施过程参与单位多，组织关系和合同关系复杂。建设工程项目实施过程参与单位多，就会产生大量的信息交流和组织协调的问题，会直接影响项目实施的成败。

通过分析不同阶段建筑工程的信息流可以发现，建筑工程不同的参与方之间存在信息交换与共享需求，具有如下特点：

（1）数量庞大。

工程项目的信息量巨大，包括建筑设计、结构设计、给水排水设计、暖通设计、结构分析、能耗分析、各种技术文档、工程合同等信息。这些信息随着工程的进展呈递增趋势。

（2）类型复杂。

工程项目实施过程中产生的信息可以分为两类，一类是结构化的信息，这些信息可以存储在数据库中便于管理。另一类是非结构化或半结构化信息，包括投标文件、设计文件、声音、图片等多媒体文件。

（3）信息源多，存储分散。

建设工程的参与方众多，每个参与方都将根据自己的角色产生信息。这些信息可以来自投资方、开发方、设计方、施工方、供货方以及项目使用期的管理方，并且这些项目参与方分布在各地，因此由其产生的信息具有信息源多、存储分散的特点。

（4）动态性。

工程项目中的信息和其他应用环境中的信息一样，都有一个完整的信息生命期，加上工程项目实施过程中大量的不确定因素的存在，工程项目的信息始终处于动态变化中。

基于建筑工程施工的以上特点，希望利用 BIM 技术建立的中央大数据库，对这些信息进行有效管理和集成，实现信息的高效利用，避免数据冗余和冲突，iTWO 软件可以有效的实现上述目的。

iTWO 在施工阶段主要应用点如下：

（1）可施工性验证。在施工阶段，对设计模型进行全面的施工可行性验证，基于模型进行可视化分析，通过软件自动计算及检查，减少施工可行性验证的时间，提高整体工作效率和质量。

（2）工程量计算可视化。

（3）工程计价可视化。

（4）招标投标、分包管理及采购。

（5）5D 模拟。

（6）现场管控。

9.2 从设计到施工 BIM 工作流程

在设计阶段，由 BIMSpace 软件完成设计模型后，可以无损的导入到 iTWO 软件中，完成以下工作：

（1）进行全专业冲突检测，添加施工属性信息，完成模型优化。

（2）根据三维模型进行工程量计算和成本估算。

（3）可以进行电子招标投标、分包、采购以及合同管理。

（4）进行 5D 模拟，管理形象进度，控制项目成本。

（5）根据企业管理层的需要，生成需要的总控报表，与 ERP 系统整合。

BIMSpace＋iTWO＋ERP 的解决方案的具体业务流转和实现过程如图 9.2-1 所示。

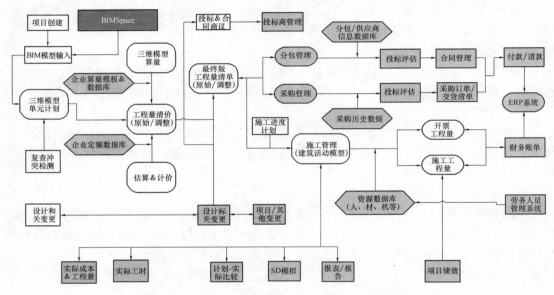

图 9.2-1　BIMSpace＋iTWO＋ERP 方案业务流程

9.3　iTWO 总体介绍

iTWO 软件基于 5D 建筑信息模型的大数据企业级解决方案，采用基于 BIM 模型的一体化端到端建筑工作模式，革命性地结合了工程项目的两个施工流程。在实体建造之前，iTWO 能虚拟整个施工项目的建造流程，以帮助客户在实际施工时更简单高效地管理他们的建筑项目。图 9.3-1 完整的展现了 iTWO 的建造流程。

在虚拟过程中，整个项目的生命周期将通过 iTWO 系统中的 BIM 模型，端到端地将项目规划、实施和运维完整地展示出来。虚拟过程能更有效地识别及解决潜在风险，从而避免对建筑项目造成任何实质性的影响。在真实建筑开始之前，项目时间、成本和工作流程都可被优化。

然后，在 iTWO 中央控制中心的监控下，实体建造过程将遵循 iTWO 系统中已优化的虚拟建造过程进行，以确保在虚拟进程的指导下，达到优化的施工效果。

其总体功能框架如图 9.3-2 所示。

iTWO 建设业务系统核心优势体现在以下几个方面：

（1）目前许多建设工程公司使用许多不同软件来满足项目管理中的不同需求，iTWO 平台提供了一个整合的综合项目管理平台，集团层面领导能看到集团所有竣工以及在建项目情况，并且每个项目的管理过程可以具体在平台中展开，能看到具体成本与施工进度等

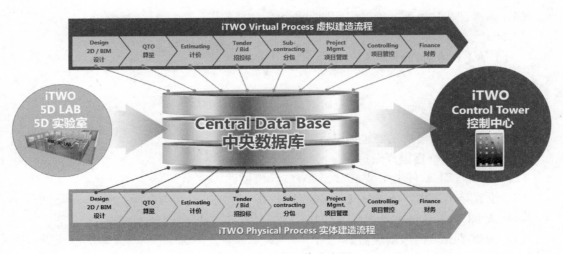

图 9.3-1　iTWO 建造流程

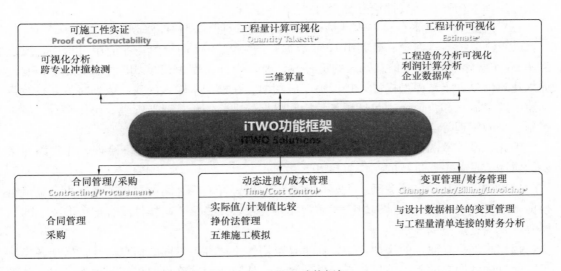

图 9.3-2　iTWO 功能框架

核心数据。

（2）全面支持企业各级管理架构人员工作，实现了远程异地的数据连接，用户可以使用手机移动终端、笔记本电脑或者 iPad 来登录使用系统。

（3）工作流程完全符合当地使用标准，能够支持中国本地标准。

（4）强大的报表管理系统，系统内嵌 250 种建筑行业特性报表，并且客户可以轻松定制所需的各种格式的报表、报告。

（5）具备多级授权管理，实现信息安全管理。

（6）战略决策支持，管理层可以看到全面的数据，而非仅仅一部分，可以进行横向及纵向多方面的比较。

（7）产品配置，客户化灵活，可与企业 ERP、OA、财务系统等企业管理系统集成，支持 Oracle，SQL 数据库。

（8）多语言和多币种，确保国际项目也可成功掌控。

9.4　iTWO 功能简介

9.4.1　模型导入与优化

模型导入与优化模块主要包括以下功能：

（1）熟悉 iTWO 建模规则；

（2）在 REVIT 软件上安装 RIB　iTWO 导出插件；

（3）设置导出规则，配置好【设置文件】；

（4）从 REVIT 软件中导出 CPIXML；

（5）新建【BIM 模型调优器】；

（6）导入 CPI 数据；

（7）检查构件及其属性信息是否有丢失、遗漏；

（8）通过 iTWO 平台检查构件是否有碰撞，并返回建模软件修改。

iTWO 系统一直倡导有效利用 BIM 数据和最大化 BIM 的价值。在应用过程中，反复强调 BIM 概念中的"I"信息元素的重要性。要将设计模型由简单 3D 模型中升华，通过加入建筑信息，丰富模型内涵，扩展模型应用面。在模型中输入的建筑数据将贯穿建筑与基建的整个流程和价值链，包括预算编制和投标处理、估价、建造管理、协作平台、成本控制、采购管理等各个方面。

因此，设计端的模型导入模型前，需要按照 iTWO 建模规则进行检查，并且添加必要的属性信息，主要进行的工作包括以下几项：

（1）构件的几何搭接关系：主要作用是提前设置好构件之间的搭接关系，再由算量组根据项目及规范要求，通过编辑公式实现扣减关系，以满足不同构件重合部分混凝土的归属要求，达到规范的要求。

（2）构件信息属性的添加：主要作用是给构件添加各种不同的信息属性，后期各模块可以通过构件拥有的不同信息进行构件的筛选，从而快速准确提取想要的构件，方便各模块工作人员对模型的使用。

（3）BIM 数据调优器：该模块中可以查看构件的分类及完整性，构件属性信息的调整，修复不容易计算的构件，以满足 iTWO 的计算要求。

（4）冲突报告：检查构件不符合要求的碰撞，通过构件信息及图片形成碰撞报告。

（5）三维模型算量：可以不同需求检查模型属性信息是否有遗漏及错误。

具体的工作流程如图 9.4.1-1 所示。

在算量计价模块，可以进行与算量相关的模型检查。通过组件类型，检查楼层信息、材质、混凝土强度等级、注释等信息是否正确完整，以保证后期算量模块可以提取到对应的信息。具体操作步骤如下：

（1）右击"项目"按钮，新建【三维模型算量】。

（2）进入模型检查窗口，通过 CPI-属性筛选，检查楼层信息、材质、混凝土强度等级、注释等信息是否正确完整，如图 9.4.1-2 所示。

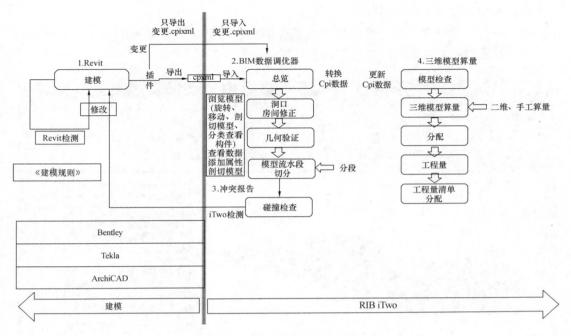

图 9.4.1-1　模型导入工作流程

图 9.4.1-2　楼层信息界面

（3）编辑多模型可视化规则。

通过筛选集和分析规则，检测模型的属性信息，让不同模型以不同的颜色表示。例如，可以设置材料名称及材料缺失的对象图例，如图 9.4.1-3 所示。

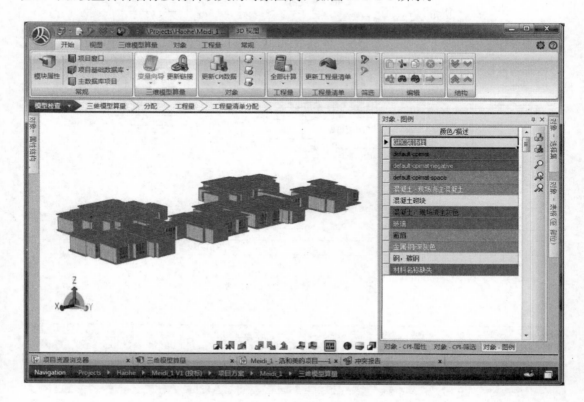

图 9.4.1-3　材料信息图例界面

9.4.2　三维模型算量

（1）三维模块功能：

① 创建工程量清单。

② 添加三维算量子目。

③ 编辑满足基本需要的三维算量公式。

④ 计算工程量及查看工程量。

⑤ 更新工程量至工程量清单。

⑥ 生成新的工程量清单。

（2）三维算量概述。

在 iTWO 软件中，三维模型算量是在一个命名为的三维模型算量模块中完成。

通过 BIM（建筑信息模型）软件工具的数据互动，可实现 iTWO 三维模型算量模块与工程三维模型的数据同步，即用户可在 iTWO 平台中查看并测试最新版的三维模型。除了数据的拷贝，用户可在 iTWO 平台中重新设定三维模型的楼层结构，如将三维模型构件从原 BIM 软件工具中的楼层结构编制成用户所需的常用楼层结构中。利用与模型浏览界面和冲突检测功能，用户可实现对三维模型的深度调研。此外，在导入三维模型至 iTWO 前，用户可以利用 3D 控制器对三维模型的数据是否缺失进行验证。

之后，用户即可利用三维模型算量将工程量清单子目与三维模型进行关联。iTWO 支持用户对每一个工程量清单子目灵活地编辑计算公式，不仅可根据直观的图形与说明进行公式选择，还可根据需要选择对应的算量基准，如国标 GB 50500、香港地区的 HKSMM4 等。算量公式包括构件的几何形状、大小、尺寸和工程属性。

关于算量结果偏差的追踪检查，iTWO 不仅使整个检查流程来实现三维模型可视化，同时也达到了其精度检测的多角度要求，既能以模型构件为检查基准，也能以算量子目为基准。

最后，用户可将工程量的计算结果更新至已有工程量清单中，或者选择自行创建新的工程量清单。工程量清单的创建有多种方式，若选择通过投标计价中"参考项目编号"方式，则在创建工程量清单的同时，也将随即创建一个基于对应地方定额或企业定额的模块。

在 iTWO 软件中，工程量清单模块与投标计价模块都支持基于模型的数据可视化。因此，用户在这两种模块中也可对工程量偏差进行可视化查看。除了上述模块，其他任一与工程量清单子目有关联的模块都可实现数据的可视化，如施工组织模块、账单模块和部位模块等。

（3）三维模型算量工作流程图。

三维算量时，可以导入业主指定的工程量清单，也可根据业主指定的清单结构编制工程量清单。将三维模型算量与业主的工程量清单相关联，计算三维模型工程量。具体业务流程如图 9.4.2-1 所示，软件算量界面如图 9.4.2-2 所示。

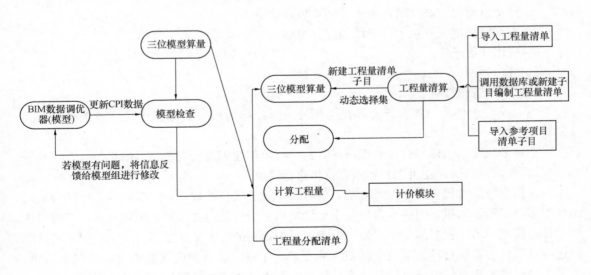

图 9.4.2-1　清单算量流程

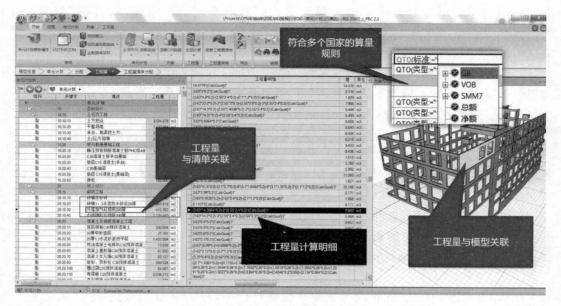

图 9.4.2-2 软件算量界面

9.4.3 工程计价

（1）工程计价模块主要功能：

① 为工程量清单或参考项目创建计价模块。

② 在计价模块中添加现行及下级子目。

③ 在计价子目中通过成本代码、材料代码、组合价格等进行计价。

④ 在计价模块中添加组合单价及创建组合价格。

⑤ 查询国内定额并在子目中添加定额明细。

⑥ 套用计价子目。

⑦ 分包管理。

（2）工程计价概述。

在 iTWO 软件中，工程计价是在投标计价（投标阶段）或施工计价（施工阶段）的模块中完成。

在该模块中，可以通过成本代码或者材料自由创建工程量清单子目的组价方式（总价形式或者单价形式），也可以利用组合价格进行计价。

计价模块即可属于一个项目方案，也可属于参考项目数据库，二者均为一个计价文档映射多个工程量清单，但在参考项目中计价文档的子目是包含特定的组价方式，如我国清单计价模式。若工程量清单子目是从参考项目中调用的，那么在创建过程中，用户将可以选择是否从参考项目计价细目中复制组价方式。注意：如需调用其他项目的工程量清单、参考项目的工程量清单或定额数据库，用户需要事前创建并设置好该清单，以便引用。

在普通的组价方式中，用户可以通过拖放的形式调用计价细目，或通过修改估算进行全局修改。在我国清单计价模式下，利用项目编码的关联，在复制窗口中可自动生成关联提示，以对应子目进行选择，或直接调用国家定额库或企业定额库中数据。

该模块包含了成本。通过加价配置对成本进行取价，形成最终造价，传递到工程量清单中。

计价细目可参数化，即通过修改细目中的资源量、效率、成本系数等，实现计价的可控性。

此外，还可通过转换器或定制化表格导入 Excel 文件，利用 xml 文件导入导出。在导入计价文件前，需确定相关的工程量清单、成本代码、材料代码及组合价格，已存在相关的主机项目中。

计价小组将对完成后的清单进行定额组价工作，以清单模式或成本代码模式，生成分包任务进行招标、评标、定标管理。

（3）工程计价功能特点及流程。

iTWO 的计价模块可以帮助客户提高项目数据精确度：

① 基于估价并可以优化的清单明细，如图 9.4.3-1 所示。

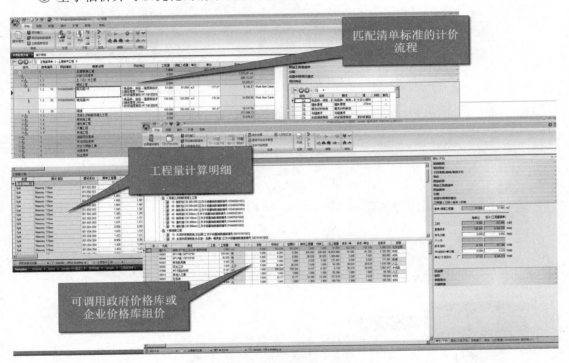

图 9.4.3-1　优化的清单明细

② 制定企业价格数据库、知识库，可以实现快速自动测算/审查工程造价，统一管理材料，统筹采购以及价格调差。

工程造价快速自动测算如图 9.4.3-2 所示。

成本管理器可以全面反映企业的成本科目体系，根据工程量清单及项目的特征要求，可设置主要成本科目，如图 9.4.3-3 所示。

③ 标准化的发包管理、供应商管理。

④ 可查询历史价格数据库。

⑤ 灵活的加价与取费设置。

具体计价工作流程如图 9.4.3-4 所示：

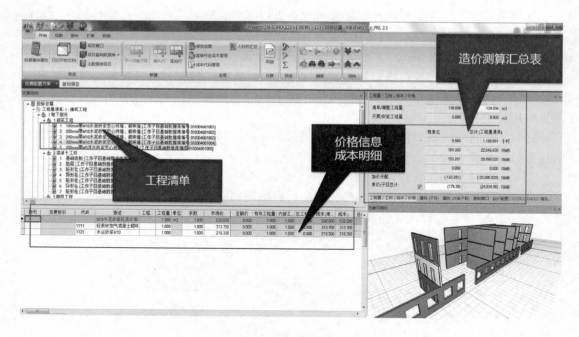

图 9.4.3-2　造价快速自动检测界面

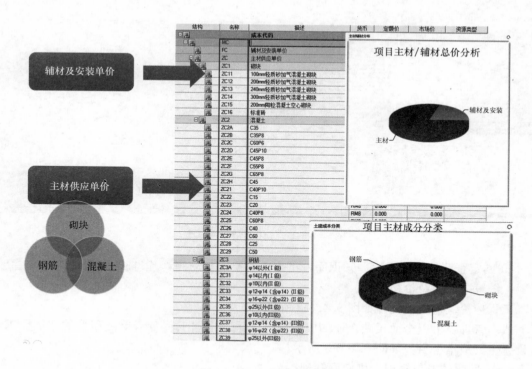

图 9.4.3-3　主要成本科目

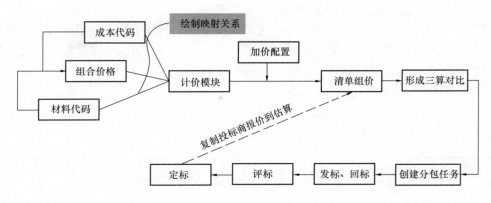

图 9.4.3-4 计价工作流程

9.4.4 项目管理

（1）项目管理模块功能

① 在施工组织模块中创建一个简单的进度计划。

② 从 MS Project 软件中导入进度计划。

③ 利用属性树状结构与属性筛选功能显示对应的模型构件。

④ 将对应的工程量清单/计价子目关联至基于模型的施工活动子目。

⑤ 完成五维模拟。

（2）项目管理工作流程

在施工组织模块中，用户可将任一层级的计价子目/工程量清单子目与施工活动子目灵活地建立多对多、一对多、多对一的映射关系。这就满足了不同的合同需求，既可将计价按照进度计划的安排产生映射关系，也可将进度计划按照计价的需求完成映射关系。对应的成本与收入也会随着映射关系关联到施工组织模块中。用户在考核项目进度时，不仅可以如传统方式那样得到相关的报表分析、文字说明，还可以利用三维模型实现可视化的成本管控与进度管理，其中包括时间点与时间段等灵活考核方式。

在计价模块中，可设置成施工组织模块中的进行管理，这就可以在施工组织中对关键材料、关键成本等信息实施管控。

施工组织的输入方式主要为以下两种：

① 用户可自行在模块中设计进度计划、甘特图。

② 可以从 Primavera 6、MS Project 等工具软件中导入进度计划，当中的资源与价格都可与这些工具软件同步。

其中，施工时的输入方法主要有两种：

① 既可自由输入；

② 也可关联至工程量清单中的人工子目。

每项活动的工程量也有两种输入方法：

① 既可自由输入；

② 也可关联至工程量清单中的人工子目。

若用户所采用的工程量是来自于三维模型算量，则可在施工组织模块中生成五维模拟，即进度控制、成本控制与三维模型动态关联模拟。

用户在同一个项目方案中可建立多个施工组织文件，但其中只有一个可与三维模型算量相关联。在开始施工之前，基于不同的施工计划方案建立不同的五维模拟，通过比较分析即可获得优化方案，进而节省在工程中的时间花费。

项目管理模块具体的工作流程如图 9.4.4-1 所示。

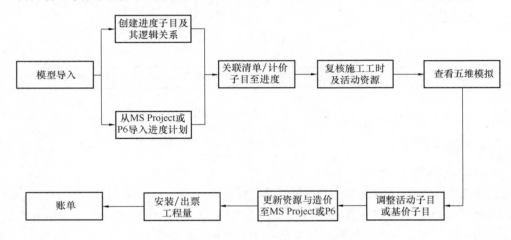

图 9.4.4-1　项目管理模块工作流程

（3）施工计划和 5D 模拟

iTWO 施工计划和 5D 模拟可以帮助项目取得最优化的施工方案，主要具有以下功能特点：

① 清单层级细化的项目计划。

② 与多种项目管理软件集成。

iTWO 可以与 MS-Project、Primavera、Power Project 软件集成，完成进度计划的导入/导出工作。

如图 9.4.4-2 所示。

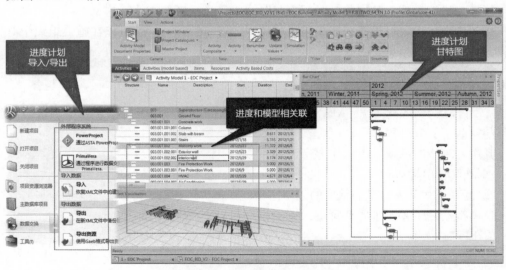

图 9.4.4-2　与多种软件集成界面

③ 可快速有效的进行 5D 模拟。

iTWO 的五维技术，在三维（3D）设计模型基础上集成建筑工程施工进度（Time）、成本（Cost）。利用 iTWO 五维技术，通过制定不同项目方案模拟，比较不同项目方案，自动进行财务分析对比，优化方案。5D 模拟的软件界面如图 9.4.4-3 所示。

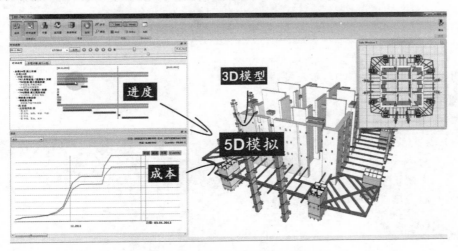

图 9.4.4-3 5D 模拟的软件界面

（4）项目控制

在项目实施过程中，iTWO 软件可以帮助项目管理者实现项目可控，主要体现在以下几个方面：

① 形象进度管理。

通过录入实际项目进度，与进度计划进行比较，生成直观的项目状态报告，如图 9.4.4-4 所示。

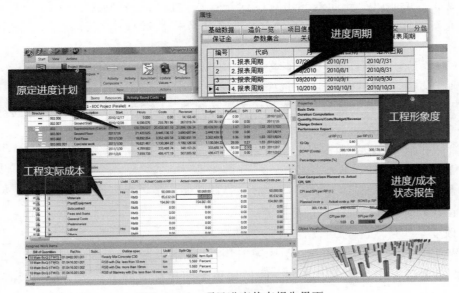

图 9.4.4-4 项目进度状态报告界面

② 综合项目状况分析。

实现综合模型、清单、预算、项目实际情况的三维可视化项目概览，对计划与实际工作的进行可视化比较，如图 9.4.4-5 所示。

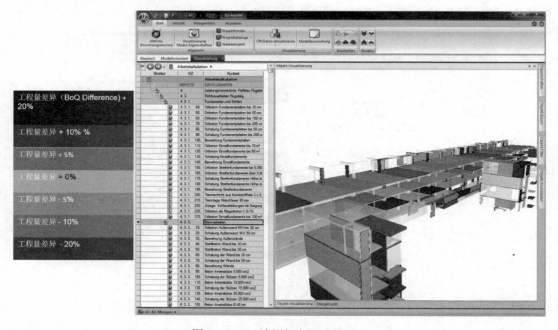

图 9.4.4-5　计划与实际比较界面

③ 自动连接预算子目，进行挣值管理。

通过连接项目进度和成本，iTWO 软件能够实时追踪项目进度、实际成本和完成数量。

通过建立记账阶段和插入完工程度模块，或者使用精确的工料估算，iTWO 可以将实际成本和计划成本进行比较，计算进度绩效指数和成本绩效指数，并通知超支情况。

iTWO 系统还能够自动更新实际项目成本和利润。

④ 变更记录和索引更直观，历史信息可追溯。

iTWO 软件可以自动计算分析变更工程量和利润，变更对工程进度的影响也会同步更新。同时，支持变更的可视化管理，如图 9.4.4-6 所示。

在合同和施工阶段，业主可能作出如下变更：

a. 工程量变更。

b. 删减某些工作。

c. 让我们对额外增加工作进行报价。

d. 改变某些条款，导致价格变化。

iTWO 软件中，我们可以在变更中列出并追踪所有这些变更。每条变更都会有 iTWO 内部参照，也可以作为业主的参照。我们可以参照投标时的取费表对变更设置不同的加价。

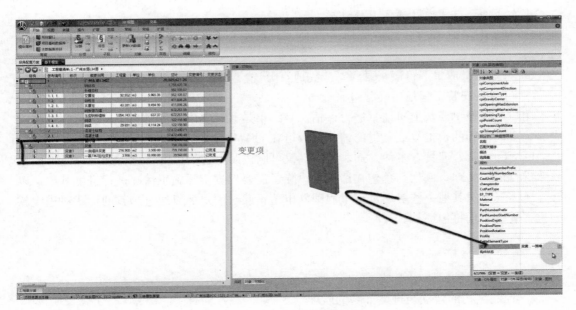

图 9.4.4-6　变更管理界面

变更管理的流程如图 9.4.4-7 所示。

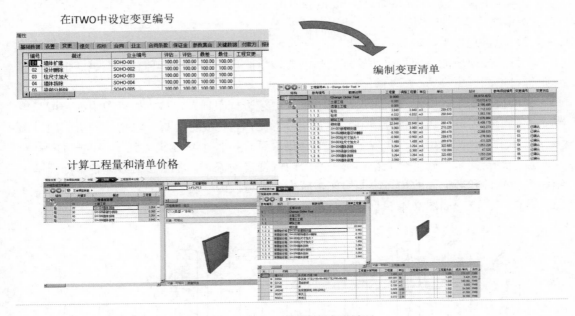

图 9.4.4-7　变更管理流程界面

（5）账单

当项目处于施工阶段时，用户可以进一步通过两个不同的工程量对项目状态进行评估考核，分别是：用于内部评估的安装工程量和用于向业主请款的开票工程量。为了节省时间，用户在请款时也可以直接把安装工程量导入为开票工程量。

在 iTWO 中，开票工程量的录入工作是在账单模块完成的。用户可以通过三种主要方式来完成项目完成率的输入，分别是：

① 对工程量清单的分部或分项进行录入，系统会自动将工程量平均分配到各个子目中。

② 对工程量清单子目层级录入对应完成百分比。

③ 可以从安装工程量中转移过来。

用户可在账单模块上对请款进行评估。其结果是通过完成工程量与单价所得款项再除去保证金而得到的。批复或已付的请款金额可在 iTWO 中实现可追溯化。

iTWO 请款处理具有多种方式，用户不仅可以按照上述的进度款进行处理，还可以对总款进行请款处理。例如，总包在请款时，除了需要根据实际施工情况进行进度款申请以外，还需要针对其他一些费用进行里程碑款申请，此时用户可以通过总款的形式对进度款和里程碑款实现打包请款。

9.4.5 项目总控

（1）项目总控模块功能

① 控制结构的建立与进度计划的匹配。

② 集团数据库的编制、报表周期的编制数据更新。

③ 控制单元数据结果筛选，选择相应报表输出周期、模式。

④ 实际成本录入、时间轴分析、穿透打印。

⑤ 多项目整体管控。

（2）项目总控工作流程

项目总控模块能够根据企业管理层的需要，生成他们需要的管理总控报表，生成的汇总报告可追溯、可穿透、可归集。

分析报告基于进度计划，可追溯到清单，可穿透打印到人、材、机资源明细，可归集到企业规定的财务管理科目分类，支持多项目管控，包含变更分析、收付款分析、项目预测分析和三算对比分析等，实现了统一平台集成管理，各个功能集成到统一的软件平台，实时自动更新共享，施工全流程在统一平台内数据自动流转，项目参与方和各个部门基于统一平台软件和数据库的相互协调协作，减少人为造假因素。

具体工作流程如图 9.4.5-1 所示。

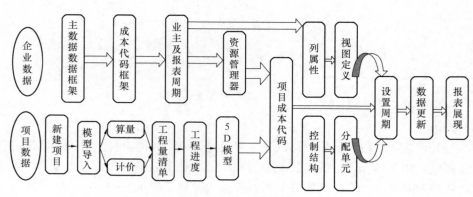

图 9.4.5-1　项目总控工作流程

（3）控制结构

在 iTWO 软件中，控制结构是指在集团角度需要对该工程的管控模型与管控精度的框架搭建。控制结构的编制需要以下前置条件：

① 需要有一个适用于企业管理模式、项目类型的管理流程；例如，按合同管理方式建立控制结构或按工程管理模式，即按楼层、按系统模型建立控制结构（该模块的确定可作为本企业的固定管理模板）。

② 非模型费用框架的建立：例如，措施费、管理费等。

③ 前置计价组工作要求：需要将第②款中所提出的费用模型进行单独的清单编制，需要将每一项费用进行详细分解列项，最好可以包括本工程所发生的所有费用支出。

④ 前置施工组工作要求：需要将第②款中所提出的模型费用单独编制施工组织计划或按周期进行编制，并将该费用进行计划量分配（难点）；并要求与第③款进行工程量的匹配工作。

控制结构的建立遵循以下流程（图 9.4.5-2）。

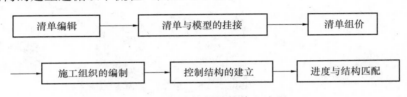

图 9.4.5-2　控制结构建立流程

（4）多项目管理平台

iTWO 软件可以实现企业级的多项目管理，具体体现在以下几个方面：

① 项目资源管理器。

项目资源管理器可以根据类型或者地区多层次管理企业所有的项目，并且集合了集团企业数据库、政府价格库和企业模板，如图 9.4.5-3 所示。

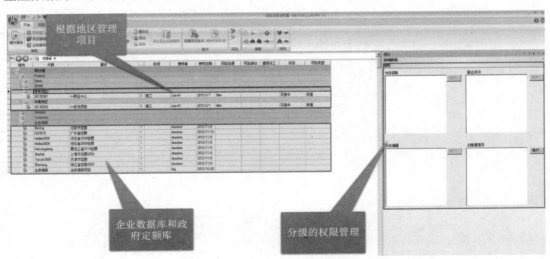

图 9.4.5-3　项目资源管理器界面

② 信息控制面板。

使用"信息控制面板",直接动态显示项目关键信息,如图 9.4.5-4 所示。

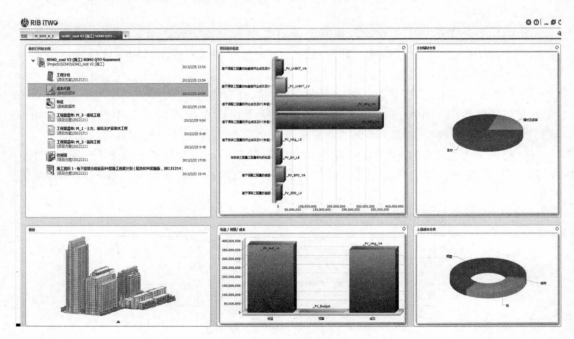

图 9.4.5-4   项目关键信息

③ 跨项目关键指标分析。

跨项目监控可以根据多种条件筛选项目进行多个关键指标的比对分析。

第三篇
企业信息化实务

在这一篇中，主要介绍企业信息化的内容。讲解 BIM 为什么要讲企业信息化呢？

现在，我们再回顾一下 BIM 的概念，BIM 是 Building Information Modeling 的缩写。在第二篇，主要介绍信息模型的建立与修改，但是对于企业和项目管理来讲，除了信息模型，还有其他的许多信息需要管理，如合同信息、技术信息、人力资源信息等，只有将企业和项目管理涉及的信息整合到一起，才能真正实现项目的增值。

如何才能将这么多信息有效的整合，就是企业信息化的内容。在这一篇中，将包括企业信息化概述、合同管理、技术管理、供应商与招标采购管理等，可以让读者对于企业信息化整体架构以及系统组成都有相应的了解。

第 10 章　企业信息化概述

本章导读

　　本章主要从集成 BIM 与孤立 BIM 开始，逐步介绍企业信息化的概念与整体架构，并且梳理了企业信息化实施的要点。

本章学习目标

　　(1) 企业信息化平台整体架构。

　　(2) 信息化实施的要点。

10.1 集成 BIM 与孤立 BIM

从建设项目生命周期整体的角度去分析，一个 BIM 项目的实施需要涉及不同的项目阶段、不同的项目参与方和不同的应用层次三个维度的多个方面，复杂程度可想而知。

"不积跬步，无以至千里；不积小流，无以成江海"，整体是由部分在一定的规律（流程）下构成的。BIM 项目的实施也不例外，其中的每一个"部分"（即一个任务 Task 或活动 Activity）的典型形态可以用图 10.1-1 表示。

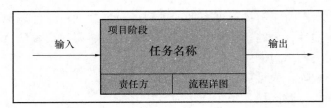

图 10.1-1　任务的典型形态

每个完整的 BIM 项目都是由上述的一系列任务按照一定流程组成的，因此，除了该 BIM 项目起始的第一个任务以外，其他任务的输入都有两个来源：其一，是该任务前置任务的输出；其二，是该任务责任方的人工输入（对整个项目的 BIM 模型来说就是这个任务增加的信息）。

当同一个建设项目中的若干 BIM 任务互相之间没有任何信息交换，每一个 BIM 任务需要的信息完全由本任务的责任方输入时，我们把这样的 BIM 应用称之为孤立的 BIM 应用；反之，只要某个任务使用了由前置任务传递过来的信息，就可以称其为集成的 BIM 应用

我们知道，单个 BIM 任务实现的效益和 BIM 任务间的集成程度是两个影响整个建设项目 BIM 技术应用效益大小的重要因素，目前市场上讨论单个 BIM 应用的资料比较多（例如，设计协调、管线综合、碰撞检查、施工模拟、成本预算等），而讨论 BIM 应用集成的资料更多地集中在各种数据交换标准特别是 IFC 上，事实上，影响 BIM 应用集成程度的因素也需要从两个层面去考虑才完整。

（1）技术层面：包括数据标准如 IFC、API、ODBC 等不同类型的方法，目前都还处于快速发展的阶段，有些事情短期做不好（例如 A 软件里的某种类型的门转换到了 B 软件里面还是同一个门），有些事情可能长时间也未必做得好（例如，IFC 既能清楚、一致地表达实体，也能清楚、一致的表达"虚体"-实体之间的关系）。

（2）管理层面：可以预见，在相当长的时间里面以及相当大的范围内，管理（即 BIM 项目的实施战略和计划）将是提高 BIM 应用集成度更重要的保证，就像大家早在网络普及以前已经享受的海陆空联运一样，这主要是管理层面的功劳，而不是技术层面的功劳。

无论是孤立的 BIM 项目还是集成的 BIM 项目，在正式实施以前有一个整体战略和规划都将对 BIM 项目的效益最大化起到关键作用。

由此我们看出，要达到 BIM 效益的最大化，需要对企业和项目管理的总体架构进行梳理，了解每个业务系统的信息传递关系。现在，我们以施工总承包企业为例，来介绍企业信息化的总体架构。

10.2　企业信息化平台整体架构

10.2.1　项目信息梳理

（1）项目经营信息

在工程建设行业的企业，工程项目是企业主营业务的核心内容，企业需要从多个维度来获取项目的运营信息。

① 从组织架构维度：了解下属组织管理的项目。

② 项目的进度状态：了解中标准备期的项目、进展中项目、已完工竣工项目。

③ 从项目行业属性：公路行业项目、铁路行业项目、房建市政项目等。

④ 从管理模式或者承包方式：DB、PPP 等。

⑤ 从项目投资规模：大型项目、中型项目、小项目。

⑥ 从地理位置与行政区域：华东、华南、华北。

从这些维度中，我们可以梳理出，企业信息化应该包括的项目信息的组成元素。

（2）项目基础信息

工程项目基础信息是需要在项目生命周期中的前期策划、招标投标过程中获取。哪些信息可以表达，由谁维护这些信息，需要有明确的规定。建议中标后由公司级填写基本内容，在施工过程中由项目部明确人员填报及调整其他信息。

工程项目基础信息应该包括：

① 基本信息：编码、名称、简称、所属项目组织、所属（分/子）公司。

② 项目状态：准备中、施工中、已交工、已竣工、已停工、已完工。

③ 工程类型：房屋建筑、市政工程、公路工程、铁路工程。

④ 项目属性：新建扩建项目、维修养护项目、其他工程项目。

⑤ 工程规模：大型、中型、小型。

⑥ 承包方式：工程总承包、施工总承包、专业分包、劳务分包、其他服务。

⑦ 管理模式：自行施工、劳务分包、专业分包，综合模式。

⑧ 项目其他：项目地址、经度、纬度，施工许可证号，联系方式、当前项目经理、当前项目总工。

⑨ 项目附他：项目三维效果模型、项目其他相关附件。

项目信息化平台上，具体填报格式，可以参考表 10.2.1-1 格式。

（3）项目进度信息

进度信息主要包括：

① 基于合同获取的信息：计划开工日期、计划完成日期。

注意：承包合同约定了项目的工期、计划开工/完工日期，通过"合同索赔"可以获得索赔工期。

② 基于总体进度的信息：预计完工日期－实际开工日期＝预计总工期。

通过项目部编制通过、监理认可的总体进度计划，可以得到项目团队实际组织的开工、预期完工日期，总体进度依据实际的情况会进行修订，在不同统计期间可以获得当前的有关数据。

信息平台表　　　　　　　　　　　　　　　　　　**表 10.2.1-1**

项目基本信息					
项目编码		项目名称		项目简称	
项目状态		工程类型		工程规模	
承包方式		项目属性		所属（分/子）公司	
管理模式				所属项目组织	
是否主项目	☑	投标项目			
联系方式				当前项目经理	
				当前项目总工	
项目地址				经度	
				纬度	
工程简介				施工许可证号	
项目三维效果模型		BIM 模型文件			
项目其他相关附件		与项目相关的其他文件			

③ 基于官方（业主、监理）获取的信息：交工日期、竣工日期。

注意：业主验收接管项目实体时，实际的确认日期作为"交工日期"，双方所有交接程序完成，签认文件的日期作为竣工日期。

④ 项目进行中实际进度信息：

实际进度统计一般包括下面三种计算方法：

实际工期进度＝（计算日期（或者操作日期）－计划开工日期）/总工期×100

工程量完成进度：可以通过工程量的权重进行计算

工作量完成进度＝累计完成工作量（内部产值）/合同总计金额×100

（4）项目合同信息

合同信息包括：

① 合同签订时的信息：合同签订金额＋合同已变更金额＋合同已索赔金额＝合同总计金额。

② 合同变更索赔信息：包括已经双方确认的金额，施工方已经提交业主方没有确定的金额，施工方潜在申报监理、业主认可的金额。

③ 合同中间/最终结算信息：

a. 通过工程量清单计量的金额。

b. 通过合同其他条款应支付的金额（预付款、奖金等）。

c. 通过合同条款暂时扣留的金额（质量保证金等）。

d. 通过合同条款永久扣留的金额（罚款、甲供材料扣款、代交税金等）。

（5）项目资金信息

资金信息需要与合同信息进行比对，包括为了项目生产，上级组织调入资金、项目调出资金、项目预付款等。

（6）项目成本信息

成本信息包括：

① 目标成本（预算成本）：初始目标成本＋目标成本调整＝目标成本总额。

目标成本可以：a. 进行版本修订；b. 或者单项事务成本调整。取决于设计开发如何考虑，以及企业实际的管理需求，一般由项目的管理机构的上级进行编制与调整。

② 计划成本：初始计划成本＋计划成本变更＝计划成本总额。

计划成本由项目管理团队进行编码，参考上级预定的目标成本，考虑项目施工的实际进行编制；施工过程中，考虑工程变更、索赔事项进行成本的变更。

③ 实际成本：累计实际成本，通过实际成本单据汇总产生。

（7）项目相关方信息

项目相关方一般包括：业主、监理、施工、设计、分包、材料供应商、保险服务提供方等。

针对每个相关方的信息一般需要录入：单位名称、相关属性、负责人姓名、联系方式、其他主要管理人员名单、备注等。

项目信息还包括其他内容，这里不再一一列举。项目信息除了自身包含的信息之外，各个项目信息之间还有相应的关联关系，企业信息化的一个重要任务，就是让这些相互关联的信息之间，可以联动查询和修改。图 10.2.1-1 所示是一张典型的项目信息的关联图。

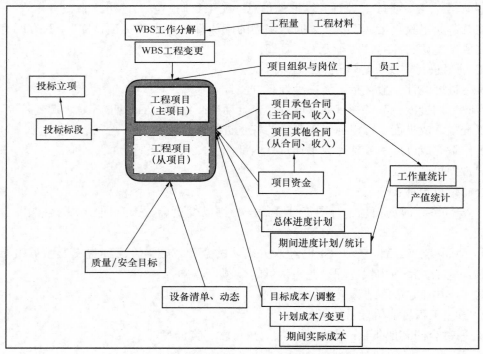

图 10.2.1-1 项目信息关联图

10.2.2 企业信息化整体架构

在本书的第 3 章，对于总承包企业的业务板块做了梳理，其包含 6 个核心流程模块和

6 个支持流程模块，如图 10.2.2-1 所示。

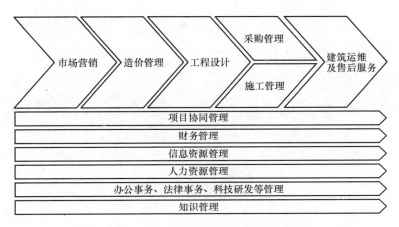

图 10.2.2-1　核心流程模块和支持流程模块

　　所有这些业务板块的运作，都离不开项目信息的支持，如果把第 10.2.1 节的项目信息再加入到图表里面，我们可以绘制出一个总承包企业信息化的整体架构图（图 10.2.2-2）。

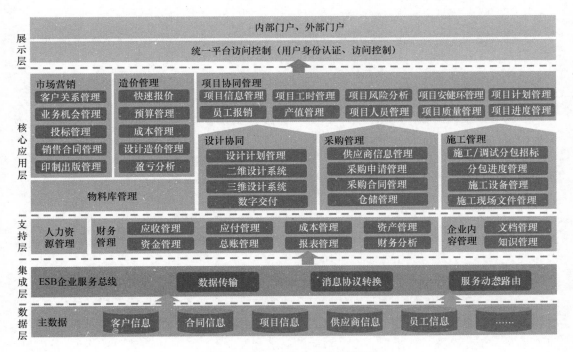

图 10.2.2-2　企业信息化架构图

　　通过这个整体架构，就实现了以项目全生命周期为主线，基于数据的流转与共享，通过各应用系统模块的协同，共同支撑总包业务精细化的信息管理门户，如图 10.2.2-3 所示。

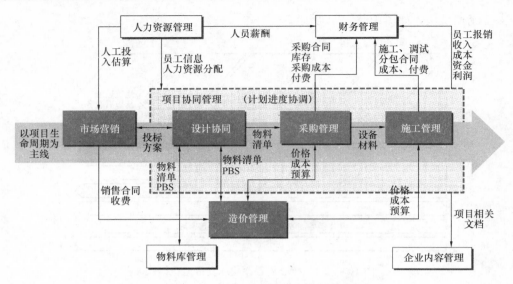

图 10.2.2-3　业务精细化信息管理

10.3　企业信息化管理软件实施的要点

大部分施工企业特别是国内的特级资质的施工企业，都已经根据国家规定，做完了相关的信息化工作，但是，很多人做了几年的实施，事情还是做得不好。结果是对×××系统不是很熟悉，业务也不熟悉。当然，这其中除了一些项目基础数据的获取和录入的问题，很多情况下是实施方法的问题。

根据以往企业信息化的成功案例分析，企业信息化管理软件实施的要点为：业务为王，沟通开道，基础先行，培训为本，持续学习。

真正会学习的实施人员，首先要掌握的是"业务"。因为系统功能摆在那里，无非是增、删、改、查，再加上报表。但信息化管理软件，不能只是功能、菜单、字段，是需要有业务去支撑的。

（1）业务为王：就是告诉我们，信息系统实施首先要去理解业务，思考业务。要用业务功底去征服客户。这样，才会得到客户的认可。而客户认可之后，后面的事情就好办了。

（2）沟通开道：则是强调沟通的重要性。软件是确定的，但企业的管理却是千差万别的，从而同一套软件系统，在不同的施工企业实施之后，效果是完全不一样的。所以，这时候，就需要更多地沟通。要充分理解到企业各个业务的管理特点与应用要求，从而有针对性地对系统作调整，作配置，以及对应的二次开发。可以说，没有充分的沟通，这可能就做不好。所以，这里以"开道"来强调它的重要性。

（3）基础先行：就是任何功能，都对应于很多基础，就像万丈高楼，一定要先打好地基一样。信息化管理软件系统的各个功能，都是架构在基础资料的标准之上的。这些基础资料，实际使用者在用的时候需要引用，但却不用去关心。这就是实施的这些框架、内容，都已经做好了。如果没有这些基础，那后续的应用都将是一句空话。所以，基础必须先行。而一个成功的项目，一定是有一套稳定优质的基础资料的。总之，不要急于去开展业务，一定要先将基础资料配置好，规则配置好，然后才去向业务人员传道。如果急于求成，结果是让业务人员失去信心，失去耐心，从而使后面的推进工作阻力重重。

（4）培训为本：是指实施人员只是引导，企业的各个业务人员才是真正的使用主体。所以，实施人员不应该代替业务人员去做业务。实施人员只需要将业务、将技巧教给业务人员。所有工作，应该都是业务人员自己去做。实施人员是传道、授业、解惑的人，是解决问题，联络任务的人，不是做业务的人。实施人员要想办法将自己的培训做好，要让使用者知道软件的管理思想，知道系统的先进性，系统的优点，系统给他们带来的便利。如果能达到让实施人员自己觉得自己应该多做些事情，并且做得津津有味，做得乐此不疲，那培训的效果就达到了。

（5）持续学习：知识是需要不断学习更新的，并且需要在业务中不断更新，才能不断提升整体的管理水平。

第 11 章　企业信息化详解

本章导读

　　本章以成本管理为核心，介绍企业信息化平台搭建的思路、用到的技术手段以及带来的效益。

本章学习目标

　　(1) 成本管理。

　　(2) 工作结构分解。

　　(3) 系统集成。

　　(4) 成本数据库的建设。

在 BIM 技术大力推广的背景下，更多的企业和实施人员，更多的注重如何更好的掌握和利用 BIM 这个技术手段，而忽视了实施人员专业素养和业务能力的提升。这样，就造成了很多项目交付的 BIM 成果的专业性堪忧，遇到专业问题，还需要用传统手段来解决。

图 11-1　手段创新与业务创新关系

从本章开始，我们将从手段创新和业务流程创新两个视角，来分析企业信息化的实施方法。信息化，作为创新的手段，可以提高业务效率，同时，业务流程上的创新也对信息化的改进有促进作用，两者相互依存，循环推促，如图 11-1 所示。

11.1　信息化的核心——成本

将施工企业的哪项业务管理作为信息化的中心，存在合同主线派和项目成本派两大流派的观点。

（1）合同主线派：强调将合同作为管理重心，其他管理活动围绕合同来展开。此种方法特别适合以中标后将总承包合同分解分包给专业承包商或劳务分包商的企业管理模式。

（2）项目成本派：强调以成本管理作为中心，将项目的责任成本作为项目管理班子的考核指标，同时也考查项目的利润，鼓励项目管理班子增收节支，优化设计与施工方案，并做好变更管理，寻找索赔依据。

此派企业的项目管理主要以主体工程自行施工为主，劳务合作辅助，可能部分非主体工程进行专业分包。自行采购材料或为专业分包商代购材料，大型设备自行设计或采购，有专业的作业班组。

不管哪个流派，我们可以看出，成本管理是信息化的核心，其他业务是围绕着成本来设置。

以下从成本管理业务的角度，来梳理成本管理的现状及问题，以及不同的成本管理策略。

成本管理，主要分为三个阶段：

（1）成本核算阶段：重核算，属于事后型，强调算的快、算的准。

（2）成本控制阶段：强调对合理目标成本的过程严格控制，追求成本不突破目标，属于事中型，落地的关键在于，将目标成本分解为合同策划，用于指导过程中合同签订及变更，并在过程中定期将目标成本与动态成本进行比对。

（3）成本策划阶段：解决的是前期目标成本设置的合理问题，强调"好钢用在刀刃上""用好每分钱""花小钱办大事"，追求结构最优。

目前，国内大多数成本人员源于工程造价和审计预算领域，其专业水准和素质相对于设计、施工职能线的人员来说整体偏低；之所以当前很多施工企业的成本管理还停留在财务核算的初级阶段，除了整个行业对成本管理的重视度不够外，主要是缺乏一大批真正具有成本思维的管理人才。

另外一个原因是，与成本管理紧密相关的供应商市场与监管体系混乱，且专业的承包商短缺，导致开发商自己成为总包方，单纯热衷于核量、核价等技术层面的研究，成本管理在很大程度上陷入"懂技术比懂管理更重要"的怪圈。

核算阶段的成本管理以建安成本为主要管理对象，以核算为重点，强调算的快，算的准，成本管理与执行以预算人员为主，对预算人员的造价能力、图纸解读能力要求较高。成本核算属于科目与数据的事后整理，对项目定位和设计环节的成本影响弱，其成本过程控制缺失。不能为企业经营管理决策提供全局性的成本信息。

伴随着施工企业跨地域、多项目发展，事后型成本核算所暴露的成本失控、成本超支问题越来越严重，不少建企开始转变成本管理思路，逐渐向事中的成本过程控制转型，这就是成本管理的第二阶段——成本控制阶段。

成本控制阶段的核心在于，构建基于合同策划的目标成本控制体系，强调实际成本执行过程中的动态纠偏。此控制属于事中型管控。

控制型成本管理模式要求成本人员对项目策划、设计和工程开工有一定的认知和管理能力。整个企业运营要能保证"目标成本——合同策划——合同执行——工程施工"有效衔接。并在项目推进过程中通过目标成本与动态成本的对比分析，找出差异，尽量防止成本超标，实现成本的过程管控，最终为企业经营决策提供全局性、实时性的成本信息。

成本策划是价值工程的概念，它更强调成本的投入产出比，要求做好成本的前置管理。成本策划是近年来建企成本管理领域提出的最新观念，是施工企业走向成熟的表现。具体操作上，成本策划必须考虑客户以及企业自身对成本投放的价值体现，需要从成本核算向成本价值转变，从项目设计的后端向项目论证和定位的前端转变，并最终实现从供应商挖潜向客户价值兑现转变。

策划型属于成本管理的高级段位，对产品标准化程度和成本数据库成熟度要求很高。该阶段的成本管理已经跳出单一成本思维，而是以项目收益目标为最高逻辑，去进行产品策划和设计，此时产品策划与成本策划并驾齐驱，最终从设计、营销、成本、工程、财务等协同机制中整体解决项目收益问题，是策划型成本管理的特征。

11.2　合同管理

说到成本，不得不说合同，合同是成本管理目标确定的依据，同时，了解合同管理的业务流程，也是设计企业信息化架构的基础工作。

企业的经济活动一般通过经济合同来体现，建筑企业的经营活动（项目施工）大都通过承包合同与/或分包合同的形式来实现，同时有物资与机械设备的采购或租赁、其他服务的采购等，也通过合同的形式来履行。

对于与经济活动不相关的企业员工劳动合同，公司内部与下属单位签订的经营目标责任合同不在此关注。

合同是指公司与自然人、法人及其他组织等平等主体之间设立、变更、终止民事权利义务关系的协议。合同管理，是指对合同立项、资信调查、商务谈判、合同拟定、评审会签、批准、签订、履行、变更、终止、解除、纠纷处理、立卷归档等全过程的管理。

从图 11.2-1 中可以看出，建筑企业的收入和支出，都是以合同的形式体现。合同执行过程中，需要结算与支付，与财务的应收应付与费用支付、现金日记账等业务数据关联。合同结算数据是项目实际成本的有效数据，应归入期间实际成本。工程承包合同的计量结算金额是项目的主要收入。

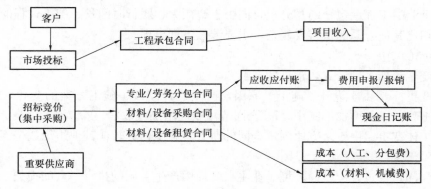

图 11.2-1　建筑企业合同流程形式

对于合同的业务流程管理，主要包括以下几个阶段：

（1）合同前期协商

① 合同投标招标与商谈指定。

合同的形成与生效主要通过合同投标、招标与商谈、指定等方式。

有些合同的产生可能涉及多方，产生三方或多方合同。工程投标也可能使用"联合体"，双方或多方形成注册的公司或临时联合参与投标，承担连带合同责任。

合同前期与其他业务模块包括投标管理\招标管理\供应商管理\客户管理密切相关。

② 合同评审。

合同主办部门通过与对方商谈或购买标书后，形成或接收"合同文本"，一般需要通过企业如部门的会审，法律事务（部门或人士）可能主持或参与重大合同的起草，或参与评审"合同文本"。通过多次的评审或修改，形成最后定稿文本。

评审中提供的关键信息：

a. 合同价款，合同履约时间，合同主体（我方、对方、第三方）。

b. 合同要点，关键条款。

c. 合同清单。

③ 合同签订及相关信息。

合同（正、副本）经企业法人或被授权人签字（双方、三方）后，加盖企业公章或合同专用章，一般就生效了。

其他前后续事项包括：

a. 公证书办理，某些合同需要公证后才能生效。

b. 履约担保，现金或保函。

c. 印花税办理，一般由财务部门办理，粘贴于正本上。

d. 合同交底，主持商谈与签订部门，向合同执行组织交流合同执行要点，其他非文字的承诺。

④ 子合同、补充协议。

大宗采购的主体协议签订后，下级执行组织可能签订明细的执行合同，可以在主合同的基础上修订，商谈执行细节，并签订执行合同或补充协议等。

（2）合同执行过程

施工企业的工程承包合同与分包合同由于金额大、履行时间长、施工过程的变化因素多，因此相比其他合同的执行要复杂，主要涉及下列事项。

① 合同的变更。

合同变更包括多种形式，常见的有：

工程变更：a. 由于设计、施工等原因，产生设计图纸、施工方案的变化，从而引起合同清单工程数量的增加、减小。b. 合同清单项的增加或取消。

合同主体变更：由于多方原因，合同的对方将施工任务转让其他组织或个人。

② 合同索赔。

由于合同执行过程中社会环境、业主自身原因产生合同的执行一方的损失，有损失方（一般是施工单位）向另一方提出补偿要求，包括金钱的补偿、工期的延长等。

③ 清单项计量。

工程施工合同由于执行时间长，采用工程量清单的合同一般分期（按月等）中间计量，也可能几个月计量结算一次。

其他类型合同可能采用总价形式，按进度或任务完成情况进行计量。

某地临时增加的工程任务可能没有招标的工程量清单单价，中间计量时双方就计算单价不能达成一致时，也可能采用临时变更增加临时计价清单，以暂时进行中间结算并支付。

④ 合同结算。

工程合同的特点是在最后要进行"最终结算"，全面清理中间结算的数量，也可能依据合同条款针对某些清单项调整单价。对变更工程的中间计量结算的临时单价，确定最后结算价格。

⑤ 合同付款。

合同价款的实际支付或收入，工程承包合同表现为：业主或总承包向施工单位付款，施工单位项目部通过银行的通知单登记银行存款收入，同时在相关合同记录有关实际收款情况或通过系统内部关联查询。其他收入合同也可能通过现金方式获取，但发生的情况比较少见，如向分包商提供代购材料，可能单价比购买价格高，产生差价收入。

支付性质合同表现为向分包商或材料设备供应商/租赁提供商，或其他服务单位支付合同款项，可以通过现金、支票、网银等多种方式支付。

合同付款申请的产生还有两种情况：合同对方直接提供发票，合同对方收到款项后提供发票。对于上述两种情况，合同支付的执行者（发起人填单）的处理是不同的。直接提供发票的情况，直接报销就行了，合同支付与费用报销同时完成；前付款后提供发票必须分两步完成：先发出合同支付申请，流程审批通过后，财务出纳发生实际付款（挂账合同对方单位），当事人收到发票后，需要另行使用费用报销冲减前面合同支付的款项。特别是，有时提供的发票与实际支付的款项金额还有不一致的情况。

⑥ 合同事务记录。

合同事务记录主要记录合同执行中发布的特殊事项，如，合同的争议，其他不能记录的事项。

（3）合同评价/关闭

合同由于执行完成，或由于某种原因而双方中止执行，合同完成有关手续而关闭。

工程承包合同的关闭双方可能签订最终结算书，劳务合同关闭双方在最终结算后，也可以签认合同终结协议。

对一些重大/重要合同（如工程合同）工程交工后，需要很长的时间处理遗留问题，而当事人可能由于工作关系调离，因此在关闭或移交时，执行者可能或要求编写执行的总结，移交遗留问题事项。对合同对方（供应商）作出最终评价，作为供应商评价机制的一个方面。

最后，对合同管理的总体流程做一个总结，将前面提到的合同管理的内容放到一整张图中，如图 11.2-2 所示。

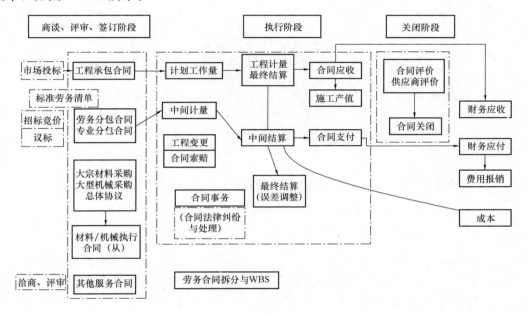

图 11.2-2　合同管理总体流程

11.3　工作结构分解（WBS）

如果直接使用工程承包合同的工程量清单进行工作量与产值统计，不通过 WBS（工作分解结构）进行关联，也可以实现计算，但与期间进度计划没有直接关系，需要编制人员将期间计划中的工程部位的相关清单的计划量与完成量单独计算出来，比较麻烦。如果利用 WBS 软件与合同工程量清单的关系在合同执行开始就建立关联，则在期间进度计划编制完成后，可以直接基于一定的规则，生成项目期间的工作量计划，同时在期间完成统计结果填报完成后，生成项目期间完成产值。这种方式，更利于提高效率和成本管控的水平。

11.3.1　WBS 树形清单

一般来讲，施工企业项目管理过程中，最重要的有三个核心：合同、进度、成本。这是不言而喻的。因为合同是管"钱"的，而项目肯定是围绕进度而展开的。在实施项目的过程中，成本控制则是核心。

而联系合同、进度、成本的，则是工料机，即资源。

选择成本管制的精细粒度，可以只从合同、进度、成本上选，也可以去选择两样，那样精细程度将极大地提高，当然，管理难度也极大地提高。再进一步，可以三个都选。再进一步，还可以有其他维度。

归纳起来，成本核算的维度可以按图 11.3.1-1 所示划分。

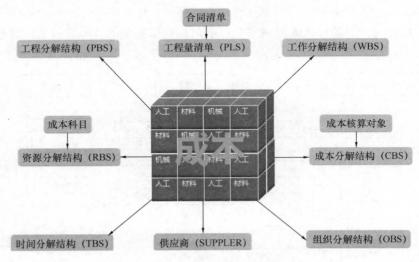

图 11.3.1-1　管理成本核算维度划分

实际操作中，主要以工作结构分解，也就是 WBS 为主。

工作分解结构（WBS）需要考虑工程的实际结构（图纸）、实施组织、技术方案、管理模式，是整个项目管理模型的基础与中心，向前与施工图纸、施工组织与技术方案接口，向后与进度计划与成本计划、机材需求计划相连。应用推广时，一般要求至少两个部门（经营管理部门与工程技术部门）在 WBS 分解时要达成共识，分别主管进度、成本。

工作分解结构 WBS 的设计，其细节描述如下：

（1）编码、名称、节点类型（初始/变更/新增/取消）、变更次数，分部分项、是否成本对象，是否汇总，相关图纸，所属关联项目（是否启用）。

（2）计量单位、初始工程量、变更工程量、总工程量、（辅助单位、初始辅助工程量、变更辅助工程量、总辅助工程量）。

（3）状态（未开始/施工中/已完成）、计划开始、计划完成、实际开始、实际完成。

表 11.3.1-1 是 WBS 树形结构示例。

WBS 树形结构　　　　　　　　　　　　　　　　　　　　表 11.3.1-1

	WBS 编码	WBS 名称	节点类型	状态	变更次数	单位	初始工程量	变更工程量	总工程量	是否汇总	是否成本对象
组织机构：××公司	1	大桥工程									☑
	1.01	基础及干部构造									☑
	1.01.01	12 号墩									☑

续表

	WBS 编码	WBS 名称	节点类型	状态	变更次数	单位	初始工程量	变更工程量	总工程量	是否汇总	是否成本对象
组织机构： ××公司	1.01.01.001	桩基础	变更	施工中		根	4	2	6	☑	☑
		1♯桩	初始	已完成		根	1	0	1		
		2♯桩	初始	已完成		根	1	0	1		
		3♯桩	变更		1	根	1	1	2		
		4♯桩	初始	施工中		根	1	0	1		
		5♯桩	新增	未开始	1	根	0	1	1		
项目： ××项目 AA项目	1.01.02	承台									
	1.01.03	系梁									
	1.01.04	墩柱					4	0	4	☑	☑
		1♯墩柱左	初始	施工中		根	1	0	1		
		2♯墩柱左	初始	施工中		根	1	0	1		
		3♯墩柱右	初始	未开始		根	1	0	1		
		4♯墩柱右	初始	未开始		根	1	0	1		
	1.01.05	盖梁									

11.3.2　合同清单与 WBS

合同清单与 WBS 工作分解结构建立关联，即将合同工程量清单作为资源拆分/分配到"WBS 工作分解结构"。这样做的目的是：

（1）当期间进度计划编制完成后，可以自动计算与其关联的工程合同收入（工作量计划），也即计划产值。

（2）当期间进度计划编制完成后，可以自动产生与期间计划成本相关的劳务作业成本、专业分包成本。

分配/拆分的阶段包括：

（1）初始分配：初始工程量清单的分配。合同评审完成批准后，状态进行入"执行中"之前最好拆分完成。

（2）变更分配：在进行工程变更时，变更工程量、新增加的清单及数量进行分配后，才能审核。

初始分配与变更分配的合计必须总计不变。没有审核的变更分配不计入分配总量。

合同清单与 WBS 进行关联之后，项目进行中的计划工作量和产值管理就可以按照以下流程来进行，如图 11.3.2-1 所示。

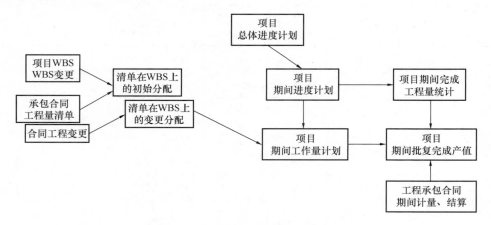

图 11.3.2-1　工作量和产值管理流程

其他业务的流程逻辑如图 11.3.2-2 所示。

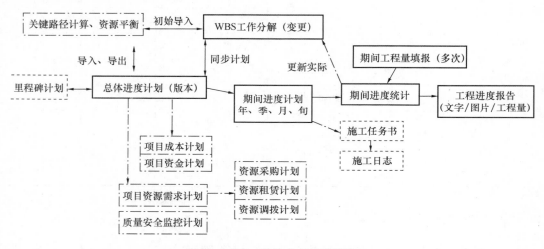

图 11.3.2-2　其他业务流程逻辑

11.3.3　BIM 模型与 WBS

WBS 与施工图纸或 BIM 模型及技术方案的细节联系，主要是将施工图纸或 BIM 模型中消耗材料进行 WBS 的分类整理，将技术方案中的周转材料和机械设备与 WBS 进行关联，并为进一步的进度编排的资源平衡作准备。

11.4　决策管理四部曲

信息化的核心目的，不是创造出原来没有的信息，而是将原来零散的信息，以决策者和业务人员需要的方式展现出来，帮助完成决策和业务活动。

在成本管理的三个阶段中，谈到成本策划，可以实现对成本进行全方位的和动态管控。现在，我们讨论基于 IT 信息技术的应用和支撑，如何使得成本管理可知、可控、可预测，以及可视化，也就是成本管控四部曲。由知道"该花多少钱，到花了多少钱"全过程全貌信息的掌控，真正实现从"不忘本"到"知本家"的转化和升级。

成本的可知、可控、可预测是成本管理的根本，但可知、可控、可预测实践的广度和深度跟建筑企业决策管理者自身水平有关，也有赖于企业管控模式、企业文化、制度流程等因素的支撑。更重要的是，构建基于企业整体资源管理的信息化平台，是建筑企业管理者快速提升可知、可控、可预测的管理水平的重要支撑。

施工企业经营决策的环境变化越来越复杂，决策所包含的信息量越来越大，决策时间要求越来越短，决策的影响面越来越大，高管层要实现科学决策，就必须遵循可知、可控、可预测的科学决策管理路径。

11.4.1　决策管理第一步曲——可知

卓越管理的前提是对企业内外部复杂经营信息的"可知"，这是理性决策的根基。而"可知"的关键就在于决策者如何根据企业经营目标，确定管理对象和相应的指标体系。企业管理者需要解决从成百上千的管理指标中，聚焦核心，抓大放小。

（1）知什么——财务结果指标、过程指标及异常信息

对于专业型的建筑施工企业而言，经营管理的核心目标表现为总资产、销售额、利润额和目标市场占有率，反映到可知的信息，即为"财务结果指标、过程指标和异常风险"三大类。

（2）财务结果指标

财务结果指标包含销售额（规模）、利润、现金流三大类。

① 销售额：属于规模指标，体现企业经营层面的规模经济效应，是规避被行业边缘化的重要筹码。地产行业每年的 TOP100 更是强化了销售额的较量。规模型指标具体表现为投资型指标、建设型指标和销售型指标。投资型指标主要聚焦年度的直接投资额；建设型指标主要聚焦为新开工面积、在建面积和竣工面积；销售型指标主要聚焦为销售面积和销售金额两大类。

② 利润值：属于企业成长指标，是保障企业快速成长和扩张的关键指标。对于专业型的施工企业而言，利润主要来源于项目，项目前端的论证、定位、设计三大环节往往被定义为利润规划区，后端的工程建造、销售为利润兑现区。因此，公司利润值的管控就具体锁定在对所有项目"项目论证"、"产品定位"、"方案设计"和"目标成本"的可知和可控上。利润指标具体表现为基于主营业收入、成本费用总额和利润总额的收益型指标，基于资产总额、资产负债率、资产周转率和总资产报酬率的资产负债指标，以及基于人工成本、劳动生产率的人力效率指标。

③ 现金流：属于企业经营健康指标。某商学院从某轮地产商倒闭的原因分析中发现，80％的企业都是因为现金流问题而无奈破产，其中不乏有较强盈利能力的企业。对现金流的可知，重点在于对经营性现金流的可知。影响经营性现金流的关键因素，表现为项目关键节点是否准时完成，因此，需要强调的是，计划节点的背后就是现金流的支出。

依据施工企业行业特有的属性，企业决策管理者必须对两类计划节点"可知"：

　　一是与政府相关的证照节点，即土地使用证、用地规划使用证、建设工程规划证、工程施工许可证、预售许可证等五证。

　　二是与内部运营相关的项目开发重大节点，根据抓大放小的管控原则，企业决策者需要在项目开工、开盘、竣工备案几大节点进行重点关注。

　　（3）过程指标

　　过程指标聚焦日常管理，重点关注例行的进度管理，主要包含生产进度、存货进度、销售进度、回款进度和利润完成进度五大类信息，其中，最核心的是利润完成的进度。

　　（4）异常信息

　　主要聚焦风险管理。对于管理实务而言，业务正常的不需要管控，只需要关注；真正管控的要点还在于对业务异常的快速有效处理。根据建企多年管理实践和风险判断，建企决策者需要对经营中产品定位变更（设计）、生产进度异常、成本异常、工程质量重大异常，以及服务异常（群诉、交房满意率）这些异常信息高度聚焦，以风险和内控的高度去提前关注并快速处理。

　　（5）让指标“动”起来——强调指标体系的动态回顾

　　对于以上各类关键指标，企业管理者需要进行动态监控，而非单纯事后的静态管控。对这些指标的可知与管控，关键在于过程中反复将目标值与实际值进行对照，并通过 PD-CA 循环的管理方式，嵌入到指标的动态回顾中。

11.4.2　决策管理第二步曲——可控

　　伴随建筑施工企业跨区域、多项目集团化发展的逐渐深入，集团总部对区域城市和项目一线的管理幅度因地理半径的拉长而迅速扩大，另外，如何保障集团总部确立的管理指标体系执行到位，管控策略和管控手段至关重要。

　　（1）可控策略——项目前端管利润、中端管质量、后端管客户满意度

　　对众多大小不同的经营指标和工作项有效管控，需要回归到指标和工作项本身发展的生命周期去控制，即充分聚焦在指标（工作项）的事前目标设置、事中过程管控、事后结果监控的全过程。不同集团管控模式以及不同管控对象也对应不同的管控重心。如，操作管控型会全部关注业务项的整个过程，财务管控型往往重点聚焦事后的结果管控。在项目全生命周期中，要在项目前端的定位、设计环节管利润；在项目中端的工程、建造环节管控好质量；在项目后端管控好客户服务与客户满意度。

　　（2）可控手段——管控五种典型手段

　　管控手段主要表现为直接操作型、过程关键点决策、主动监控和预警、通过获得信息进行监控以及事后审核监控五种。所呈现的形式为抄送、会签、审批、决策。围绕施工企业项目拿地、设计、工程、营销、客服全生命周期的价值链，考虑到“项目论证、定位策划、战略采购”等环节直接左右项目利润，决定规模经济优势，因此大多集团型建企采用“直接操作”和“关键点参与”的管控手段；而对于项目动态成本和客户关系，集团则是主动监控与预警，重点对动态成本异常和客户群体投诉等进行事前和事中管控；对于财务审计、制度流程审核以及工程审计，则只需在事后进行审核监控。

11.4.3 决策管理第三步曲——可预测

事实上，管理不仅要对当前的业务现状和问题进行及时处理和管控，更要对业务经营和管理潜在风险进行提前预测。作为经营高风险和业务高协同的施工企业行业，科学理性预测至关重要。

（1）预测的基础—构建项目投资收益跟踪回顾机制

科学的预测必须基于全面、精准、及时的数据信息，要求企业自身具备良好的管理基础。对于专业性建企而言，科学预测需要建立在众多项目运营数据和现实信息之上，最终叠加出公司级的整体预测。更为重要的是，需要构建基于项目投资收益跟踪体系（包含项目计划管理、成本管理、销售管理）的运营回顾机制，充分实现企业对项目运营生产进度和资金（现金流）及时、准确、全面的刷新和掌控。

（2）预测的对象—现金流和利润

对建企而言，预测的对象其实就是利润值和现金流两大指标，其中现金流的预测是重点。

① 现金流预测：现金流预测的难点在于经营性现金流的预测，关键在于对项目关键节点（拿地、开工、开盘和入伙）的预估和判断。项目关键节点完成的时间本身就决定了企业现金进出的频率与占用周期。在现金流预测时，首先需要特别关注土地的现金流情况，对历史已付、本年已付、本年待付和明年待付进行准确把握，其次需要有效结合销售计划相对应的销售回款以及其他费用、税金等，最终相对准确地预测企业整体的现金流情况。

② 利润预测：建议重点考虑在方案设计、扩初设计、施工图设计阶段进行目标成本的逐渐准确测算，并配合销售计划和既有的去化率，预测未来的销售收入，不断提高利润预测的准确性。

（3）预测的保障——事件促发和时间促发

① 事件促发：主要是针对项目运营关键事件（拿地、开工、开盘、入伙等重大里程碑事件）进行管控和预测。

② 时间促发：指建企在关键时间节点，针对项目运营的操作执行情况进行回顾。比如，在最为关键的投资收益跟踪管理环节，设定季度回顾，由财务部牵头各个城市项目，最终形成投资收益的季度时间点的回顾。

总之，时间触发和事件触发的项目执行回顾与总结不仅能对项目运营本身纠偏扶正，更重要的是，可以实现对项目现金流和利润动态刷新，有效支撑企业整体现金流和利润率的动态监控。

11.4.4 决策管理第四步曲——可视化

随着技术的不断进度，特别是 BIM 技术的引入，可视化称为信息化的标配。通过前面的 WBS 介绍，我们了解到，工程项目进行工作结构分解之后，除了可以与清单、进度挂钩之外，还可以与 BIM 模型进行匹配，从而让决策者在同一个界面同时看到模型、进度、成本的信息，如图 11.4.4-1 所示，方便作出进一步的决策。

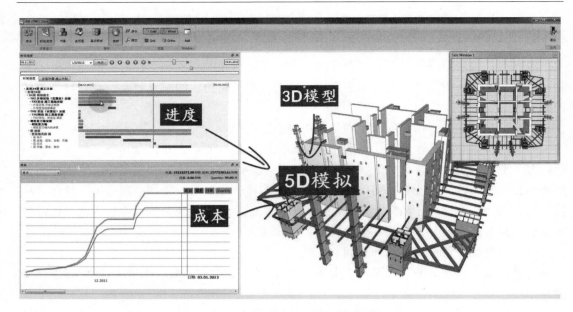

图 11.4.4-1 模型、速度、成本信息

11.5 主数据库标准建设

了解完业务层面的知识之后，一起探讨企业信息化在技术手段方面需要采取的措施以及用到的技术。

主数据标准建设对企业的信息化具有基础性意义，能够为企业实现从数据信息转化为知识乃至分析决策提供坚实支撑，如图 11.5-1 所示。

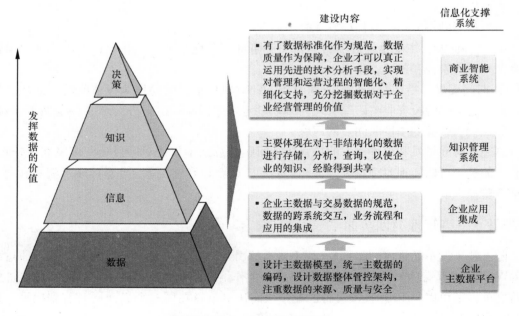

图 11.5-1 主数据标准建设

现以成本数据的建立为例说明主数据库的建设方法。成本数据库的建立：

在我们完成对业绩评估的同时，还必须对整个项目生命周期中的成本控制的得失进行及时的总结，并将之与项目"目标成本数据"、"动态成本数据"一起进行归档，在此基础上，提炼出关键的成本指标，并最终形成项目的"成本数据库"。通过"成本数据库"的建立，所有项目的关键成本数据都将被保存下来，并对未来业务的开展发挥重要的指导作用。"成本数据库"的建立充分体现"知识管理"的思想，使知识作为企业最宝贵的财富，能够很好的沉淀下来，不因人员的流动而流失，使建筑施工企业的成本管理再上一个新的台阶。

11.5.1　企业成本基础数据

（1）普通劳务分包清单（ALB）与专业劳务分包清单（DPF）的标准化分类版本控制

普通劳务是指一般劳务，纯劳务工序作业，如钢筋绑扎加工、桩基础钻孔等。

专业劳务是指专业分包：包工包料的专业作业。

企业内部劳务清单的标准化编码，是一项重要工作，是劳务规范化的重要内容。积累到一定程度可以升级版本的编号，同时也是项目成本编制的基础性要求。否则难以实现项目成本的细节对比。下面是劳务清单标准化的一个示例。

```
分包清单版本与分类


01          总部
01.2009     总部 2009 版
01.A001     ×××项目清单
……
02          市政分公司
02.2010     市政 2010 版
……
```

```
分包清单统一编码与资源编码

资源规则：资源标志（ALB/DPR）分类编码＋清单编码
普通劳务分包清单编码：
```

编号	资源编号	名称	单位	性质
900	ALB＿02.2010＿900	900 章		一般
900-01	ALB＿02.2010＿900-01	基础工程		一般
900-01-001	ALB＿02.2010＿900-01-001	桩基础钻孔	M	一般
900-01-002	ALB＿02.2010＿900-01-002	桩基础挖孔	M	一般

编号	资源编号	名称	单位	性质
900-02	ALB＿02.2010＿900-02	混凝土工程		一般
……				
专业劳务分包清单编码：				
100	DPF＿02.2010＿100	100 章		专业
100-01	DPF＿02.2010＿100-01	土方工程	专业	
100-01-001	DPF＿02.2010＿100-01-001	挖掘机挖土方	M^3	专业
100-01-002	DPF＿02.2010＿100-01-002	土方运输	M^3	专业
100-02	DPF＿02.2010＿100-02	石方工程		专业

（2）物质材料（BMM）的分类与统一编码示例

物质材料的分类：
01 消耗材料
　0101 钢材
　0102 水泥
　0103 沥青
　……
02 周转材料
　0201 万能杆
　0202 贝雷架
　0203 脚手架
　……
03 其他材料

09 机械配件

物质材料统一编码与资源编码：
物料规则：分类编码 ＋ 顺序号
资源规则：资源标志（BMM）＋ 物料规则

编号　　资源编号　　　名称　　规格
单位

0101

（3）机械设备（DAS）的分类与统一编码示例

机械设备的分类：
分类层次一致！
01 土方机械
　0101 钢材
　0102 水泥
　0103 沥青
　……
02 混凝土机械
　0201 万能杆
　0202 贝雷架
　0203 脚手架
　……
03 运输机械

09 其他机械

机械设备统一编码与资源编码：
资产规则：分类编码 ＋ 顺序号
资源规则：资源标志（DAS）＋ 资产规则

编号	资源编号	名称	规格	单位	对应机械台班定额
0101					

机械台班定额：（EMH）
资产规则：分类编码＋顺序号
资源规则：资源标志（DAS）＋资产规则

编号	资源编号	名称	单位
0101			

（4）企业成本科目标准化（FCS）与统一编码

企业成本科目标注，即：标准化费用项目，也包括其他直接费用、项目管理费用。

（5）项目资源统一编号（RUI）

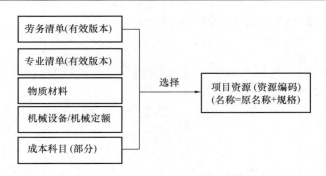

所属项目	分类	资源编码	资源名称	单位	计划单价（元）	备注
	劳务	ALB _ 02.2010 _ 900	900 章			
		ALB _ 02.2010 _ 900-01	基础工程			
		ALB _ 02.2010 _ 900-01-001	桩基础钻孔	m	280	
		ALB _ 02.2010 _ 900-01-002	桩基础挖孔	m	300	
		………				
	专业	DPF _ 02.2010 _ 100	100 章			
		DPF _ 02.2010 _ 100-01	土方工程			
		DPF _ 02.2010 _ 100-01-001	挖掘机挖土方	m³	20	
		DPF _ 02.2010 _ 100-01-002	土方运输	m³	10	
		DPF _ 02.2010 _ 100-02	石方工程			
		………				

11.5.2　项目基础数据

项目基础数据包括 WBS 在前面章节已经有所涉及，一般来讲，项目基础数据包括以下几个方面：

（1）项目基本信息与项目日历。

（2）项目工作分解 WBS。

（3）项目成本科目 CBS。

（4）资源分类与项目资源。

11.5.3　主数据库的维护

数据的标准化工作，是主数据管理工作的重要组成部分。数据标准化工作包括主数据编码、数据项名称的标准化，以及企业数据字典的建立。

在主数据的维护过程中，应通过主数据管理工作流，保障主数据得到有序发展和控制，从而保证系统数据的一致性、准确性、可靠性。根据这一要求，需要构建完善的管理体系，包括主数据的管理组织、数据标准和管理流程的整体要求，如图 11.5.3-1 所示。

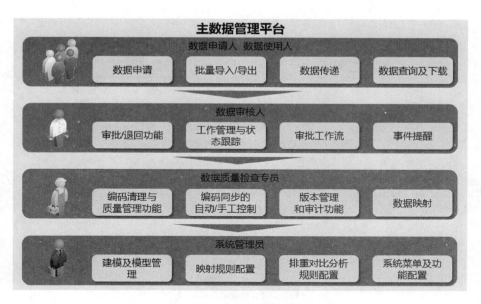

图 11.5.3-1 主数据管理平台

11.6 信息化平台系统集成

系统集成，是指将各个分离的子系统，根据应用需要，连接成为一个完整、可靠、经济且有效的整体，并使之彼此协调工作，发挥整体效益，达到整体性能最优。

系统集成的优势主要体现在四个方面：

（1）服务集成化：通过梳理现有共性需求、前瞻潜在需求，形成服务目录，实现统一的系统集成平台，提供集成服务。

（2）技术标准化：通过系统集成的实施，建立总包业务的技术对接标准，指导今后的系统集成建设。

（3）资源利用最大化：系统集成平台能够实现最大程度的提高硬件资源、软件资源、开发资源、运维资源的可复用性。

（4）团队规范化：通过系统集成，为总包业务建立起一支统一规划、设计、实施、运维、治理的管理团队。

在第 10.2 节，已经介绍了企业信息化的整体架构，如图 11.6-1 所示。

但是，采取什么样的技术手段才能完成各系统间的集成呢？

图 11.6-2 给出了其中一种架构，它采用 SOA（面向服务架构）、ESB（企业服务总线）、BPM（业务流程管理）技术支撑总包业务应用集成。

简单来讲，在企业服务总线建立的基础上，定义数据交换模式与标准，实现与总包业务关联的异构系统间的数据交换与整合，如图 11.6-3 所示。

通过构建 BPM 业务流程管理平台，全面整合总包业务现有业务系统，快速实现跨系统的流程自动驱动，如图 11.6-4 所示。

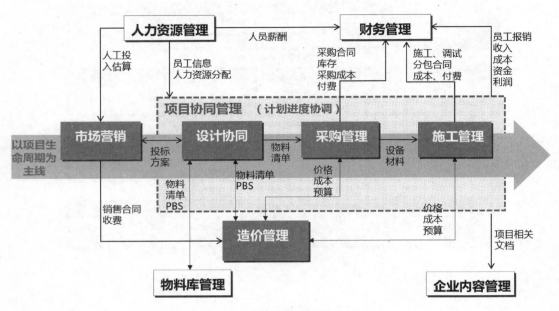

图 11.6-1　企业信息化架构

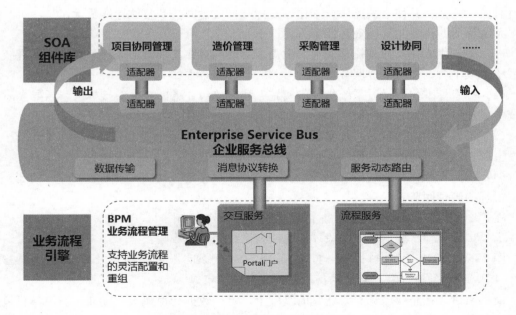

图 11.6-2　总包业务应用集成架构

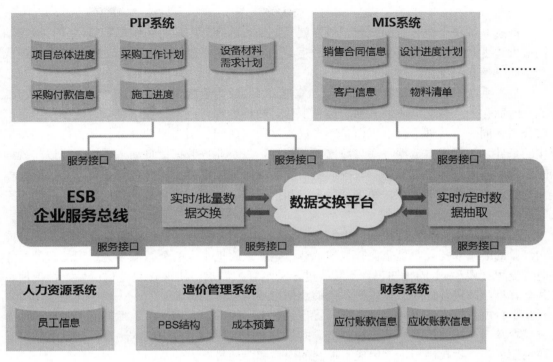

图 11.6-3　数据交换模式 S 标准

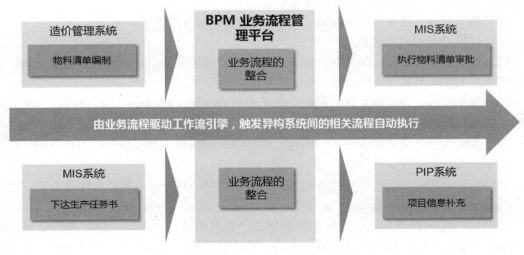

图 11.6-4　系统流程自动驱动

11.7　企业信息系统的作用

信息系统是企业智慧的承载，最终就是把个人的智慧汇成为组织的智慧，并且通过结构最大程度激发个体的智慧，通过流程管理和 IT 固化"知识"，不断改进，最终构建成功企业的信息系统。

信息系统平台的价值和作用在于，它能让 IT 成为管控的核心工具，管理的有效化，流程的固化，合作交流协调互动，信息汇总，数据处理，成本管控信息平台能够使项目部与公司在同一个管理平台上工作，实现远程零距离协同。因为联动办公，平台提供同步工作的条件，包括成本数据采集与数据汇总统计，以及业务数据信息动态查询，可以实现即时汇总，同时领导可以动态随时查询所需要的决策辅助信息。另外，与主信息相关的文档和资料可以同步实现保存，便于日后查询和指标形成，同时平台有数据挖掘和企业知识库建立的功能。

信息系统作为成本管控平台中的应用之一，是将个体和团队组织及企业的知识、技能和经验的继承和传导，是企业智慧的承载。企业最终把个人的智慧汇集为组织的智慧，并通过流程管理和 IT 固化知识，不断改进，满足管控需求，使得管理过程可见，管理信息共享，易于改进，提高工作效率，帮助数据挖掘与分析。

平台由数据库系统、信息系统和管理信息平台组成，运用平台及工具能及时准确地完成成本及与此相关的预算结算和资金等的数据采集，通过平台中成本测算控制系统和其间控制模型，产生控制指标，为成本控制的保障和落地最有力的基础。

简单来讲，信息系统的作用包括以下四个方面：

（1）固化。分工就是将动作固化，有形化。

（2）交流。合作基础是交流，使分工协同。

（3）信息汇集。交换创造价值，汇集就会涌现。

（4）数据处理。抽象出预测未来、决策当前行为的支持。

信息化构建分为四个阶段：

（1）数据采集与处理：采集管理企业运作中的有效信息；识别并筛选关键信息，确认信息间相互关系；信息加工与处理。

（2）业务流程优化与信息化：利用业务流程管理方法，将战略与盈利模式高效落地；明确业务流程以信息化来促进业务流程的提升。

（3）流程改进与决策科学化：以信息化系统的快速部署，落实经营决策；形成可视化指标，指导运营，支撑管理决策。

（4）信息公开及社会责任：以行业领跑的姿态，带领整个行业健康有序地发展；构建行业间的服务平台、标准接口。

图 11.7-1 是一张典型的施工企业信息化平台包括的模块，可以看出，其已经涵盖企业大部分的业务，这样就可以保证将企业员工的智慧汇聚到平台上，同时员工与企业会因为知识的积累而受益。

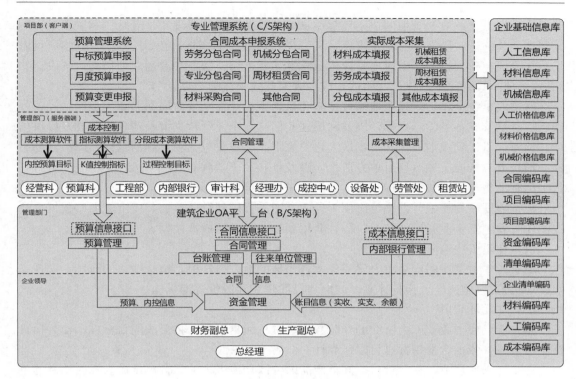

图 11.7-1 施工企业信息化平台模块

11.8 企业知识的积累与沉淀

企业信息化平台的一个重要作用就是知识的积累与沉淀。在建筑行业中，其中最重要的知识就是造价指标。

但是目前所有计价软件功能仅仅是完成单一工程项目由工程量到计价的计算过程，计价成果以"单一项目电子文件"形式保存，计价软件本身不具备多项目数据统一管理功能；另外，各家计价软件计价成果数据彼此封闭，不能实现跨平台数据整合。

因此，当前工程项目计价数据实际上是"信息孤岛"。在实际工作中，不仅容易丢失、难于查询，更重要的是不利于数据挖掘和共享。

单一工程项目预算数据，如何统一整合在同一数据库平台上？这个问题实际上也是整个建筑行业信息化的数据源问题，如果不能很好解决，所谓"信息化平台"建设将是无车之路、无源之水。

信息化平台面临三个问题：

(1) 成本数据库到底怎么建？

(2) 需要沉淀那些数据指标？

(3) 沉淀之后，怎么用？

11.8.1 成本数据库的应用场景

伴随施工企业市场竞争日趋激烈和施工企业多项目、规模化的发展，科学理性拿地做项目成为施工企业效益管控的重要环节。拿地就要做测算，可现实是老是"测"不准，不是测高就是估低，测算本身就是难事，又没任何可参考的指标，怎么"测"？虽然项目做了很多，但在新项目实施中成本管控依旧感觉无章可循，缺乏参考性。如何高效解决这些问题，"成本数据库"的建设开始逐步成为大家共同关注的"热点"。

所谓成本数据库，就是企业通过搜集和积累项目开发全生命周期的成本数据，经过处理后，总结形成各类成本指标，以及利用这些信息为企业运营决策及新项目的开发提供指导和参考，以达到成本最低和市场最大化的原则。它主要包括项目规划指标、产品规划指标、项目成本构成、成本科目单方造价，以及各科目下具体的测算模型、经济技术指标。其中测算模型与经济技术指标是成本数据库中最有价值的部分。

成本数据库的积累，以满足应用为导向，即需要用到哪些数据，就沉淀那些数据，让我们先看看施工企业开发的各个阶段，会用到哪些类型的成本数据。

（1）在投资决策阶段

通过成本数据库的产品单方建安成本，当地的地方性规模，结合地块的属性，实现高效拿地决策。（施工企业指标体系，政府建设厅建委和造价咨询机构）

（2）在设计阶段

需要借助成本数据库中沉淀的经验数据，进行成本测算，将形成的目标成本作为项目控制的基线，依据含量指标进行限额设计。

在招标采购环节，主材价格、同类产品的分部分项工程的综合单价作为标底编制的重要参考依据。

（3）在施工过程中

材料价格库则是现场材料价格认定的重要依据。

成本数据库的应用场景中，最为重要的是目标成本测算，也即建立成本数据库的主要目的是为了总结经验，为新项目成本测算服务。因此，成本数据库的建立，应该以便捷高效地满足新项目成本测算为目标。这就要求成本数据库的沉淀科目与成本测算科目（测算模型）保持一致。

在测算模型之前，需要提醒的是，一般会将项目成本划分为建安和非建安两大类。建安部分按产品维度进行测算，而对非建安部分，按照项目维度进行测算。

测算模型是成本数据库中的基本公式，根据成本科目和成本特性可以将测算模型分为三类，此模型基本囊括了项目的各项科目成本。

11.8.2　如何沉淀成本数据库

含量指标、单方指标、材料价格信息是项目开发各阶段重点关注的内容，也是成本测算的重要依据，成本数据的积累重点就是从这三大类核心指标的有效积累着手。

（1）建立"含量指标库"，精准测算工程量

含量指标是指项目结构、外装、内装等的一些经济技术标准，如钢筋含量，含混凝土量，模板含量，砌体含量，窗地比、精装面积比、防水面积比等。

对于大部分企业，难以在短时间内建立完整的含量指标库，以及对所有含量指标都进行积累与限额控制。而含钢量、混凝土含量是产品建造成本中最敏感的两个指标，行业内的标杆企业其含量指标的控制大多是从控制"含钢量、混凝土含量"入手。因此，对于大

部分企业而言，"含量指标库"的建立，也可以考虑如何准确有效地积累含钢量及混凝土含量这两个关键的含量指标。

在沉淀这两大指标时，需要公司内部统一含量指标的计算口径，避免因指标范围定义不清，导致各地标准在内涵上的差异。例如，标准层含钢量的具体计算如下：

含钢量＝上部标准层所有钢筋／（1）容积率面积＋（2）不计面积部分

注意：钢筋为所有标准层结构钢筋，包括梁板柱、构造柱、过梁、女儿墙、楼板等结构钢筋，不含砌体的钢筋。

（2）建立"单方指标库"，合理控制单方造价

成本数据库的另外一个重要内容是如何将历史项目的单方造价信息进行有效积累，为新项目测算及投标采购进行对标服务。

单方指标即单位平方米（吨）的价格，一般分为建安总成本、结构成本、外装材料价、外装其他项、一般项、内装、机电七大类。

① 明确建造标准是建立有效"单方指标库"的前提。

建造标准是指指标项目建设中各类产品的结构、门窗工程、装修、室内等设备规范及需要协调统一的事项所制定的标准。同一产品，不同的建造标准，单价差异很大。因此，在历史成本数据沉淀数据时，需要详细描述产品的建造标准，成本测算参考时，也只能参考类似建造标准的单价信息。而统一"建造标准"模板，是确保"单方指标库"的数据真实可靠的前提条件。

② 单方指标积累不求大而全，但求可靠、有效。

与"含量指标库"的建立类似，一个项目涉及的"单方指标"非常多，初步建立数据库时，不适合要求将所有指标都积累下来，应"量体裁衣"，渐进完善，首先对成本造价影响较大、市场价格变动较大的关键指标进行积累。

③ 单方指标过程积累与更新。

单方指标过程积累与更新贯穿了项目启动，施工图预算，招标以及项目结算四个阶段：

a. 项目启动阶段：引入历史项目的含量指标、单方指标，结合市场情况适当修订后进行成本测算。本阶段有很多不确定性，因此，本阶段形成的含量指标，单方指标等不是非常精准。

b. 施工图预算阶段：设计进行了细化，相应的规划信息基本确定，需要依据最新的施工图更新建造标准。重新计算工程量，综合单价，更新含量指标及单方指标。

c. 招标投标阶段：乙方中标后，根据合同约定情况，更新相应的含量指标和单方指标。

d. 项目结算后：根据结算资料更新项目的规划指标、建造指标，同时更新含量指标及单方指标。

（3）建立"材料价格库"，把握招标采购主动权

在施工项目成本组成中，材料成本所占的比重达到 $60\%\sim70\%$，控制好施工过程中的材料成本，提高材料管理部门及相关人员的管理水平，对于控制施工项目成本，实现项目利润最大化具有非常重要的意义。

材料设备的市场价格受到包括供求规律、通货膨胀、技术进步、政府宏观调控政策和

区域发展程度等在内的多种因素的影响，变化速度快且程度不一。如果企业没有一个实时的材料价格库，则会在招标投标过程中处于非常被动的处境。

材料价格的来源主要有市场询价、甲指乙供材料的核价、材料实际采购价三种。三种价格有不同的主要责任部门，其中，市场询价可由采购中心负责，主要通过采购员市场询价、近期乙方供材核价和近期实际采购价获得，并形成内部指导价，定期发布，用以指导成本测算，招标采购以及乙方供材料的核定价格；对于甲方指定乙方供应材料的核价，可由成本中心负责，核定价格结果一方面作为合同结算的重要依据，另一方面也为采购中心形成市场指导价提供参考；采购中心负责实际采购价的出具，并更新至材料价格信息库，作为采购合同结算的重要依据。

11.8.3　企业指标库的价值

成本数据库是个非常规范和完善的数据系统，那么建立成本数据库对企业项目管控有何价值？为便于说明，我们将项目全过程划分为拿地、开发和结算三个阶段，成本数据库在项目发展的三个阶段的各自重要价值如下：

（1）项目取得阶段

采用信息化手段，规避传统 EXCEL 表格的随意修改弊端，在合理的成本指标框架体系和标准测算模型的分门别类下，企业将历史项目的成本数据充分沉淀到企业信息化平台中，最终优化形成带有企业自身浓郁特色的标准成本库。所以，当企业在拿新地做项目时，就可充分参考企业历史成本数据库的各项指标，根据过往项目成本结构、项目规划指标、产品指标、各项经济技术指标等快速进行成本测算和项目决策。

（2）项目开发阶段

在过去项目开发过程中，对于成本管控的某一具体阶段和成本点，做多少是依据项目成本经理或负责人的个人经验，都是属于模糊的经验参考。而有了以知识体系沉淀的成本数据库后，就可以将新项目与历史标杆项目从成本构成、各具体经济技术指标层面进行具体对比，找出偏差较大的科目，通过原因分析，发现问题，最终采取针对性措施降低"问题"成本。在这个过程对比中，具体需要对比项目的单方造价和指标含量的差异率，差异较大的就要引起高度重视。

另外，在与乙方采购招标过程中，由于成本数据库过往的采购招标指标，可以让地产商在采购招标执行过程中提前做到心里有数，有效地防控和杜绝乙方成本虚报。

（3）项目结算阶段

施工企业是个人才流动率相对较高的行业，对于一个项目来说，关键、重要的人才流失往往带来"项目知识"的同步流失，有了成本数据库之后，存在于项目经理、成本经理等关键人才脑海中的工程经验、成本知识等就被记录汇总，一定程度上避免人员流失造成的知识流失。

完善的成本数据库建立后，由于它融汇了经验丰富的成本专家的核心经验和宝贵知识，带有成功实践的项目成本经验在公司内部充分分享、快速复制，学习之后就可以防止成本科目细则的缺项漏项，建立标准的测算模型，融汇经验值的产品技术指标，以及包含市场行情的经济指标。

附件　建筑信息化 BIM 技术系列岗位专业技能考试管理办法

北京绿色建筑产业联盟文件

联盟　通字　【2018】09 号

通　知

各会员单位，BIM 技术教学点、报名点、考点、考务联络处以及有关参加考试的人员：

根据国务院《2016—2020 年建筑业信息化发展纲要》《关于促进建筑业持续健康发展的意见》（国办发〔2017〕19 号），以及住房和城乡建设部《关于推进建筑信息模型应用的指导意见》《建筑信息模型应用统一标准》等文件精神，北京绿色建筑产业联盟组织开展的全国建筑信息化 BIM 技术系列岗位人才培养工程项目，各项培训、考试、推广等工作均在有效、有序、有力的推进。为了更好地培养和选拔优秀的实用性 BIM 技术人才，搭建完善的教学体系、考评体系和服务体系。我联盟根据实际情况需要，组织建筑业行业内 BIM 技术经验丰富的一线专家学者，对于本项目在 2015 年出版的 BIM 工程师培训辅导教材和考试管理办法进行了修订。现将修订后的《建筑信息化 BIM 技术系列岗位专业技能考试管理办法》公开发布，2018 年 6 月 1 日起开始施行。

特此通知，请各有关人员遵照执行！

附件：建筑信息化 BIM 技术系列岗位专业技能考试管理办法　全文

二○一八年三月十五日

附件：

建筑信息化 BIM 技术系列岗位专业技能考试管理办法

根据中共中央办公厅、国务院办公厅《关于促进建筑业持续健康发展的意见》（国发办〔2017〕19 号）、住建部《2016—2020 年建筑业信息化发展纲要》（建质函〔2016〕183 号）和《关于推进建筑信息模型应用的指导意见》（建质函〔2015〕159 号），国务院《国家中长期人才发展规划纲要（2010—2020 年）》《国家中长期教育改革和发展规划纲要（2010—2020 年）》，教育部等六部委联合印发的《关于进一步加强职业教育工作的若干意见》等文件精神，北京绿色建筑产业联盟结合全国建设工程领域建筑信息化人才需求现状，参考建设行业企事业单位用工需要和工作岗位设置等特点，制定 BIM 技术专业技能系列岗位的职业标准、教学体系和考评体系，组织开展岗位专业技能培训与考试的技术支持工作。参加考试并成绩合格的人员，由工业和信息化部教育与考试中心（电子通信行业职业技能鉴定指导中心）颁发相关岗位技术与技能证书。为促进考试管理工作的规范化、制度化和科学化，特制定本办法。

一、岗位名称划分

1. BIM 技术综合类岗位：

BIM 建模技术，BIM 项目管理，BIM 战略规划，BIM 系统开发，BIM 数据管理。

2. BIM 技术专业类岗位：

BIM 技术造价管理，BIM 工程师（装饰），BIM 工程师（电力）

二、考核目的

1. 为国家建设行业信息技术（BIM）发展选拔和储备合格的专业技术人才，提高建筑业从业人员信息技术的应用水平，推动技术创新，满足建筑业转型升级需求。

2. 充分利用现代信息化技术，提高建筑业企业生产效率、节约成本、保证质量，高效应对在工程项目策划与设计、施工管理、材料采购、运营维护等全生命周期内进行信息共享、传递、协同、决策等任务。

三、考核对象

1. 凡中华人民共和国公民，遵守国家法律、法规，恪守职业道德的。土木工程类、工程经济类、工程管理类、环境艺术类、经济管理类、信息管理与信息系统、计算机科学与技术等有关专业，具有中专以上学历，从事工程设计、施工管理、物业管理工作的社会企事业单位技术人员和管理人员，高职院校的在校大学生及老师，涉及 BIM 技术有关业务，均可以报名参加 BIM 技术系列岗位专业技能考试。

2. 参加 BIM 技术专业技能和职业技术考试的人员，除符合上述基本条件外，还需具备下列条件之一：

（1）在校大学生已经选修过 BIM 技术有关岗位的专业基础知识、操作实务相关课程的；或参加过 BIM 技术有关岗位的专业基础知识、操作实务的网络培训；或面授培训，或实习实训达到 140 学时的。

（2）建筑业企业、房地产企业、工程咨询企业、物业运营企业等单位有关从业人员，参加过 BIM 技术基础理论与实践相结合的系统培训和实习达到 140 学时，具有 BIM 技术系列岗位专业技能的。

四、考核规则

1. 考试方式

（1）网络考试：不设定统一考试日期，灵活自主参加考试，凡是参加远程考试的有关人员，均可在指定的远程考试平台上参加在线考试，卷面分数为 100 分，合格分数为 80 分。

（2）大学生选修学科考试：不设定统一考试日期，凡在校大学生选修 BIM 技术相关专业岗位课程的有关人员，由各院校根据教学计划合理安排学科考试时间，组织大学生集中考试。卷面分数为 100 分，合格分数为 60 分。

（3）集中考试：设定固定的集中统一考试日期和报名日期，凡是参加培训学校、教学点、考点考站、联络办事处、报名点等机构进行现场面授培训学习的有关人员，均需凭准考证在有监考人员的考试现场参加集中统一考试，卷面分数为 100 分，合格分数为 60 分。

2. 集中统一考试

（1）集中统一报名计划时间：（以报名网站公示时间为准）

夏季：每年 4 月 20 日 10：00 至 5 月 20 日 18：00。

冬季：每年 9 月 20 日 10：00 至 10 月 20 日 18：00。

各参加考试的有关人员，已经选择参加培训机构组织的 BIM 技术培训班学习的，直接选择所在培训机构报名，由培训机构统一代报名。网址：www.bjgba.com（建筑信息化 BIM 技术人才培养工程综合服务平台）

（2）集中统一考试计划时间：（以报名网站公示时间为准）

夏季：每年 6 月下旬（具体以每次考试时间安排通知为准）。

冬季：每年 12 月下旬（具体以每次考试时间安排通知为准）。

考试地点：准考证列明的考试地点对应机位号进行作答。

3. 非集中考试

各高等院校、职业院校、培训学校、考点考站、联络办事处、教学点、报名点、网教平台等组织大学生选修学科考试的，应于确定的报名和考试时间前 20 天，向北京绿色建筑产业联盟测评认证中心 BIM 技术系列岗位专业技能考评项目运营办公室提报有关统计报表。

4. 考试内容及答题

（1）内容：基于 BIM 技术专业技能系列岗位专业技能培训与考试指导用书中，关于 BIM 技术工作岗位应掌握、熟悉、了解的方法、流程、技巧、标准等相关知识内容进行命题。

（2）答题：考试全程采用 BIM 技术系列岗位专业技能考试软件计算机在线答题，系统自动组卷。

（3）题型：客观题（单项选择题、多项选择题），主观题（案例分析题、软件操作题）。

（4）考试命题深度：易 30%，中 40%，难 30%。

5. 各岗位考试科目

序号	BIM 技术系列岗位专业技能考核	考核科目			
		科目一	科目二	科目三	科目四
1	BIM 建模技术岗位	《BIM 技术概论》	《BIM 建模应用技术》	《BIM 建模软件操作》	
2	BIM 项目管理岗位	《BIM 技术概论》	《BIM 建模应用技术》	《BIM 应用与项目管理》	《BIM 应用案例分析》
3	BIM 战略规划岗位	《BIM 技术概论》	《BIM 应用案例分析》	《BIM 技术论文答辩》	
4	BIM 技术造价管理岗位	《BIM 造价专业基础知识》	《BIM 造价专业操作实务》		
5	BIM 工程师（装饰）岗位	《BIM 装饰专业基础知识》	《BIM 装饰专业操作实务》		
6	BIM 工程师（电力）岗位	《BIM 电力专业基础知识与操作实务》	《BIM 电力建模软件操作》		
7	BIM 系统开发岗位	《BIM 系统开发专业基础知识》	《BIM 系统开发专业操作实务》		
8	BIM 数据管理岗位	《BIM 数据管理业基础知识》	《BIM 数据管理专业操作实务》		

6. 答题时长及交卷

客观题试卷答题时长 120 分钟，主观题试卷答题时长 180 分钟，考试开始 60 分钟内禁止交卷。

7. 准考条件及成绩发布

（1）凡参加集中统一考试的有关人员应于考试时间前 10 天内，在 www.bjgba.com（建筑信息化 BIM 技术人才培养工程综合服务平台）打印准考证，凭个人身份证原件和准考证等证件，提前 10 分钟进入考试现场。

（2）考试结束后 60 天内发布成绩，在 www.bjgba.com 平台查询成绩。

（3）考试未全科目通过的人员，凡是达到合格标准的科目，成绩保留到下一个考试周期，补考时仅参加成绩不合格科目考试，考试成绩两个考试周期有效。

五、技术支持与证书颁发

1. 技术支持：北京绿色建筑产业联盟内设 BIM 技术系列岗位专业技能考评项目运营办公室，负责构建教学体系和考评体系等工作；负责组织开展编写培训教材、考试大纲、题库建设、教学方案设计等工作；负责组织培训及考试的技术支持工作和运营管理工作；负责组织优秀人才评估、激励、推荐和专家聘任等工作。

2. 证书颁发及人才数据库管理

（1）凡是通过 BIM 技术系列岗位专业技能考试，成绩合格的有关人员，专业类可以获得《职业技术证书》，综合类可以获得《专业技能证书》，证书代表持证人的学习过程和考试成绩合格证明，以及岗位专业技能水平。

（2）工业和信息化部教育与考试中心（电子通信行业职业技能鉴定指导中心）颁发证书，并纳入工业和信息化部教育与考试中心信息化人才数据库。

六、考试费收费标准

1. BIM 技术综合类岗位考试收费标准：BIM 建模技术 830 元/人，BIM 项目管理 950 元/人，BIM 系统开发 950 元/人，BIM 数据管理 950 元/人，BIM 战略规划 980 元/人（费用包括：报名注册、平台数据维护、命题与阅卷、证书发放、考试场地租赁、考务服务等考试服务产生的全部费用）。

2. BIM 技术专业类岗位考试收费标准：BIM 工程师（装饰）等各个专业类岗位 830 元/人（费用包括：报名注册、平台数据维护、命题与阅卷、证书发放、考试场地租赁、考务服务等考试服务产生的全部费用）。

七、优秀人才激励机制

1. 凡取得 BIM 技术系列岗位相关证书的人员，均可以参加 BIM 工程师"年度优秀工作者"评选活动，对工作成绩突出的优秀人才，将在表彰颁奖大会上公开颁奖表彰，并由评委会颁发"年度优秀工作者"荣誉证书。

2. 凡主持或参与的建设工程项目，用 BIM 技术进行规划设计、施工管理、运营维护等工作，均可参加"工程项目 BIM 应用商业价值竞赛"BVB 奖（Business Value of BIM）评选活动，对于产生良好经济效益的项目案例，将在颁奖大会上公开颁奖，并由评委会颁发"工程项目 BIM 应用商业价值竞赛"BVB 奖获奖证书及奖金，其中包括特等奖、一等奖、二等奖、三等奖、鼓励奖等奖项。

八、其他

1. 本办法根据实际情况，每两年修订一次，同步在 www.bjgba.com 平台进行公示。本办法由 BIM 技术系列岗位专业技能人才考评项目运营办公室负责解释。

2. 凡参与 BIM 技术系列岗位专业技能考试的人员、BIM 技术培训机构、考试服务与管理、市场传推广、命题判卷、指导教材编写等工作的有关人员，均适用于执行本办法。

3. 本办法自 2018 年 6 月 1 日起执行，原考试管理办法同时废止。

北京绿色建筑产业联盟

（BIM 技术系列岗位专业技能人才考评项目运营办公室）

二〇一八年三月